電気通信主任技術者試験

これなら受かる

法規

改訂**4**版

オーム社 [編]

Ohmsha

本書に掲載されている会社名・製品名は，一般に各社の登録商標または商標です．

本書を発行するにあたって，内容に誤りのないようできる限りの注意を払いましたが，本書の内容を適用した結果生じたこと，また，適用できなかった結果について，著者，出版社とも一切の責任を負いませんのでご了承ください．

まえがき

　現在における通信ネットワークの利用は，日常生活，企業活動の双方において，欠かせないものとなっています．この通信ネットワークを支えている企業は電気通信事業と呼ばれており，利用者がいつでも情報通信を活用できるようにインフラ整備や設備管理を行っています．

　電気通信事業者は，事業用電気通信設備を，総務省令で定める技術基準に適合するように維持していくために，電気通信設備の工事や維持及び運用の監督にあたることが義務付けられています．これらの監督業務を行うのが電気通信主任技術者で，その資格証として，伝送交換設備とそれに附随する設備の工事，維持及び運用に関する監督を行う「伝送交換主任技術者資格者証」と，線路設備とそれに附随する設備の工事や維持及び運用に関する監督を行う「線路主任技術者資格者証」があります．

　資格試験では，次の3科目が試験科目になっています（ただし，受験者が既に有している資格，合格している科目の有無，学歴と実務経験によって受験が免除される科目があります）．

- 法規：電気通信に関する法規
- 設備：伝送交換設備（又は線路設備）及び設備管理
- システム：電気通信システム

　本書は，上記の試験科目のうち，「法規」で平成30年度2回目から令和4年度第2回に実際に出題された問題の解答と解法の例について解説するものです．なお，令和4年度第2回試験は出題形式で掲載し，読者が力試しできるようにしています．

　本書で扱う「法規」は，電気通信事業法を中心に複数の法律から出題されます．そして過去に出題された条文の範囲は幅広く，覚えるべき内容は膨大です．この法律の試験をなるべく簡易にパスできるように，本書では以下の工夫がされています．

- 過去の出題傾向から，頻出する条文をわかりやすく示しています
- 条文のどこに注目すべきかを示しています

本書を読み通すことで，読者の皆様が電気通信主任技術者の資格を取得できることを心より願っています．そして，その力をもって，今後も発展が続く通信ネットワークを支える技術者としてのさらなる力を身につけていただきたく思います．

　令和 4 年 2 月

オーム社

Ⅰ　試験の概要

試験概要

　「電気通信主任技術者試験」は，一般財団法人日本データ通信協会（JADAC）に属する電気通信国家試験センターが実施しています．ここでは，電気通信主任技術者試験の他に「電気通信工事担任者試験」の国家資格試験が扱われています．

　以下では，電気通信国家試験センターホームページに記載されている内容を一部抜粋して概要を示します．詳しくは，電気通信国家試験センターホームページ（https://www.dekyo.or.jp/shiken/）を参照してください．

電気通信主任技術者について

　電気通信主任技術者は，電気通信事業を営む電気通信事業者において，電気通信ネットワークの工事，維持及び運用を行うための監督責任者です．

　電気通信事業者は，管理する事業用電気通信設備を総務省令で定める技術基準に適合するよう，自主的に維持する必要があります．そのために，電気通信事業者は，電気通信主任技術者を選任し，電気通信設備の工事，維持及び運用の監督にあたらなければなりません．

資格者証の種類

　電気通信主任技術者資格者証の種類は，ネットワークを構成する設備に着目して，「伝送交換主任技術者資格者証」と「線路主任技術者資格者証」の2区分に分かれています．また，各資格により監督する範囲が次のように決められています．

資格者証の種類	監督の範囲
伝送交換主任技術者資格者証	電気通信事業の用に供する伝送交換設備及びこれに附属する設備の工事，維持及び運用
線路主任技術者資格者証	電気通信事業の用に供する線路設備及びこれらに附属する設備の工事，維持及び運用

受験資格

特に制限はありません．誰でも受験することができます．

試験の種類

試験の種類は，次の二つがあります．
1. 伝送交換主任技術者試験
2. 線路主任技術者試験

試験の科目

「伝送交換主任技術者試験」および「線路主任技術者試験」で出題される科目は，次の3科目となります．

- 法規
- 伝送交換設備及び設備管理（又は線路設備及び設備管理）
- 電気通信システム

※専門的能力は令和3年度試験から廃止．一部が設備及び設備管理に取り込

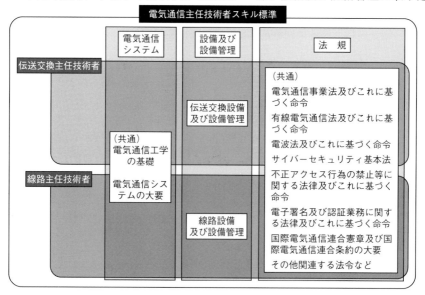

まれました.

　なお，一定の資格又は実務経験を有する場合には，申請による試験科目の免除制度があります.

試験時間

試験時間は，次のようになっています.

科目	試験時間
法規	80 分
伝送交換設備及び設備管理 （又は線路設備及び設備管理）	150 分
電気通信システム	80 分

試験実施日と試験実施地

試験は，例年 2 回実施されます.

　第 1 回：7 月の日曜日

　第 2 回：翌年の 1 月の日曜日

試験実施地は以下の地区です．実施地は変更になる場合があります.

　札幌，仙台，さいたま，東京，横浜，新潟，長野，金沢，名古屋，大阪，広島，高松，福岡，熊本及び那覇

受験申込み

国家試験センターホームページから申請　　夏：4 月 1 日～4 月中旬

　　　　　　　　　　　　　　　　　　　　冬：10 月 1 日～10 月中旬

試験手数料

全科目受験　18 700 円　　　2 科目受験　18 000 円

1 科目受験　17 300 円　　　全科目免除　9 500 円

合格基準

「法規」「電気通信システム」は 100 点満点で，合格点は 60 点以上です．
「伝送交換設備（または線路設備）及び設備管理」は 150 点満点で，合格点は
90 点以上です．

試験科目の試験免除について

資格，科目合格，実務経歴，認定学校修了によって，試験科目の免除を受ける
ことができます．詳細は，（一財）日本データ通信協会にお問い合わせください．

試験についてのお問合せ先

一般財団法人　日本データ通信協会　電気通信国家試験センター
〒170-8585　東京都豊島区巣鴨 2-11-1　ホウライ巣鴨ビル 6 階
TEL：03-5907-6556（受付時間平日 10：00～16：00）
メール：shiken@dekyo.or.jp

II 試験の出題範囲と出題傾向

出題範囲（法規）

「法規」における出題範囲は，次のようになっています．

大項目		中項目		小項目
1 電気通信事業法及びこれに基づく命令	1	電気通信事業法	—	—
	2	電気通信事業法に基づく命令	1	電気通信事業法施行規則
			2	事業用電気通信設備規則
			3	端末設備等規則
			4	電気通信主任技術者規則
			5	その他の政省令等
2 有線電気通信法及びこれに基づく命令	1	有線電気通信法	—	—
	2	有線電気通信法に基づく命令	1	有線電気通信設備令
			2	有線電気通信設備令施行規則
			3	その他の政省令等
3 電波法及びこれに基づく命令	1	電波法	—	—
	2	電波法に基づく命令	1	電波法施行規則
			2	無線従事者規則
			3	無線設備規則
			4	その他の政省令等
4 サイバーセキュリティ基本法	1	総則	—	—
	2	サイバーセキュリティ戦略	—	—
	3	基本的施策	—	—
5 不正アクセス行為の禁止等に関する法律及びこれに基づく命令	1	不正アクセス行為の禁止等に関する法律	—	—
	2	不正アクセス行為の禁止等に関する法律に基づく命令	—	—
6 電子署名及び認証業務に関する法律及びこれに基づく命令	1	電子署名及び認証業務に関する法律	—	—
	2	電子署名及び認証業務に関する法律に基づく命令	—	—
7 国際電気通信連合憲章及び国際電気通信連合条約の大要	1	国際電気通信連合憲章	—	—
	2	国際電気通信連合条約	1	国際電気通信連合条約

	大項目		中項目		小項目
8	その他関連する法令など	1	その他関連する法令等	1	放送法
				2	個人情報保護に関する法律
				3	高度情報通信ネットワーク社会形成基本法
				4	特定電気通信役務提供者の損害賠償責任の制限及び発信者情報の開示に関する法律
				5	特定電子メールの送信の適正化等に関する法律
				6	携帯音声通信事業者による契約者等の本人確認及び携帯音声通信役務の不正な利用防止に関する法律
				7	労働安全衛生法
				8	建設業法
				9	災害対策基本法
		2	関連するガイドライン	1	情報通信ネットワーク安全・信頼性基準
				2	公益事業者の電柱・管路等使用に関するガイドライン
				3	電気通信事業における個人情報保護に関するガイドライン
				4	電気通信事故に係る電気通信事業法関係法令の適用に関するガイドライン

出題傾向

　平成31年から令和4年第2回までの間に実施された計7回の出題傾向（法規のみ）は次のとおりです（表内の表記は，「問番号（小問番号）」を表します）．

　なお，令和2年第1回は，新型コロナウイルス感染拡大の影響により中止になりました．

「法規」の問題出題状況

関連	区分	出題条文	令和04年 2回目	令和04年 1回目	令和03年 2回目	令和03年 1回目	令和02年 2回目	令和02年 1回目	平成31年(令和元年) 2回目	平成31年(令和元年) 1回目
1章　電気通信事業法関連										
	1-1 電気通信事業法，電気通信事業法施行規則									
		電気通信事業法：								
		第1条（目的）					問1(2)			
		第2条（定義）	問1(1)	問1(2)	問1(1)	問1(1)			問1(2)	
		第3条（検閲の禁止）	問1(2)							
		第4条（秘密の保護）	問1(2)	問1(2)						
		第7条（基礎的電気通信役務の提供）		問1(3)						
		第8条（重要通信の確保）	問1(2)	問1(2)	問1(2)		問1(5)		問1(3)	
		第9条（電気通信事業の登録）			問1(3)	問1(1)				
		第10条（電気通信事業の登録）			問1(4)	問1(3)				
		第14条（登録の取消し）			問1(3)		問1(5)			
		第16条（電気通信事業の届出）								
		第18条（事業の休止及び廃止並びに法人の解散）							問1(3)	
		第19条（基礎的電気通信役務の契約約款）		問1(3)		問1(3)				問1(3)
		第25条（提供義務）					問1(5)			
		第28条（業務の停止等の報告）		問1(5)	問1(2)		問1(4)		問1(3)	
		第29条（業務の改善命令）	問1(4)							問1(4)
		第32条（電気通信回線設備との接続）				問1(4)				問1(2)
		第41条（電気通信設備の維持）	問1(3)		問1(2)				問1(4)	
		第44条（管理規程）	問1(5)			問1(2)	問1(3)			問1(1)
		第44条の2（管理規程の変更命令等）		問1(2)			問1(3)			
		第44条の3（電気通信設備統括管理者）		問1(1)		問1(4)	問1(1)		問1(1)	
		第44条の4（電気通信設備統括管理者等の義務）				問1(4)	問1(1)			
		第44条の5（電気通信設備統括管理者の解任命令）		問1(1)			問1(1)			
		第45条（電気通信主任技術者）				問1(2)			問1(3)	
		第49条（電気通信主任技術者等の義務）		問1(4)		問1(4)	問1(1)			問1(1)
		第50条（電気通信番号の基準）								
		第52条（端末設備の接続の技術基準）				問1(1) 問1(5)				
		電気通信事業法施行規則：								
		第2条（用語）	問1(1)	問1(2)	問1(1)	問1(1)	問3(1)		問1(2)	問1(5)
		第3条（登録を要しない電気通信事業）				問1(1)				問1(5)

関連	区分	出題条文	出題状況							
			令和04年		令和03年		令和02年		平成31年(令和元年)	
			2回目	1回目	2回目	1回目	2回目	1回目	2回目	1回目
		第55条（緊急に行うことを要する通信）							問1(5)	
		第56条の2（重要通信の優先的取扱いについての取り決めるべき事項）			問1(5)					
		第58条（報告を要する重大な事故）		問1(5)			問1(4)			
— **1-2 電気通信主任技術者規則**										
		電気通信主任技術者規則：								
		第3条（電気通信主任技術者の選任等）	問2(1)	問2(1)	問2(1)		問2(1)		問2(1)	問2(1)
		第4条（選任等の届出）		問2(1)					問2(1)	
		第39条（資格者証の交付の申請）								
		第40条（資格者証の交付）								
		第42条（資格者証の再交付）								
		第43条（資格者証の返納）								
		第43条の2（添付書類の省略）								
		第43条の3（講習の期間）		問2(1)			問2(1)		問2(1)	
— **1-3 事業用電気通信設備規則**										
		事業用電気通信設備規則：								
		第3条（定義）	問3(1)	問3(1)	問3(1)	問3(1)	問3(1)		問3(1)	問3(1)
		第4条（予備機器等）			問4(2)		問3(2)			
		第5条（故障検出）	問3(3)	問3(2)	問3(4)				問3(5)	問4(1)
		第6条（事業用電気通信設備の防護措置）				問3(2)				問3(3)
		第7条（試験機器及び応急復旧機材の配備）				問3(2)				問4(1)
		第8条（異常ふくそう対策等）	問3(4)		問3(4)	問3(1)	問4(1)			問3(2)
		第9条（耐震対策）	問3(4)	問3(4)		問3(4)	問4(1)			問3(2)
		第10条（電源設備）		問3(2)	問3(3)		問3(5)		問3(5)	
		第11条（停電対策）	問3(4)	問3(4)			問3(4)	問3(5)		問4(1)
		第12条（誘導対策）	問3(4)		問3(4)		問3(4)			問3(2)
		第13条（防火対策等）		問3(2)			問3(4)	問4(1)	問3(5)	問4(1)
		第14条（屋外設備）		問3(4)					問3(2)	
		第15条（事業用電気通信設備を設置する建築物等）	問3(5)	問3(4)	問3(4)					
		第15条の3（大規模災害対策）	問4(1)		問3(2)					問4(2)
		第17条（通信内容の秘匿措置）	問3(2)			問3(5)			問3(3)	
		第18条（蓄積情報保護）	問3(2)			問3(5)			問3(3)	
		第19条（損傷防止）	問3(2)	問4(2)			問3(4)		問3(3)	
		第20条（機能障害の防止）		問4(2)			問3(4)			
		第20条の2（漏えい対策）					問3(4)			
		第21条（保安装置）		問4(2)		問3(3)	問3(4)			
		第22条（異常ふくそう対策）		問4(2)						
		第23条（分界点）		問4(1)			問4(2)			
		第24条（機能確認）		問4(1)			問4(2)			
		第27条（電源供給）		問3(3)						
		第28条（信号極性）					問3(3)			
		第29条（監視信号受信条件）		問4(1)					問3(4)	
		第32条（その他の信号送出条件）	問4(2)			問4(2)				問3(4)
		第33条（可聴音送出条件）参照：別表第五号	問4(2)			問4(2)				問3(4)
		第34条（通話品質）								

xii

関連	区分	出題条文	出題状況 令和04年 2回目	令和04年 1回目	令和03年 2回目	令和03年 1回目	令和02年 2回目	令和02年 1回目	平成31年(令和元年) 2回目	平成31年(令和元年) 1回目
		第35条（接続品質）			問3(1)					
		第35条の2の4（緊急通報を扱う事業用電気通信設備）								
		第35条の3（基本機能）							問4(1)	
		第35条の6（緊急通報を扱う事業用電気通信設備）								
		第35条の9（基本機能）			問4(1)					
		第35条の11（総合品質）								
		第35条の12（ネットワーク品質）								
		第35条の13（安定品質）								
		第35条の14（緊急通報を扱う事業用電気通信設備→第35条の6に準用）	問3(5)							問3(5)
		第35条の15（異なる電気通信番号の送信の防止→第35条の2の3に準用）								
		第37条（予備機器）			問3(5)				問4(2)	
		第38条（停電対策）			問3(5)				問4(2)	
1-4 端末設備等規則										
		端末設備等規則：								
		第4条（漏えいする通信の識別禁止）					問4(4)		問4(4)	
		第5条（鳴音の発生防止）		問4(4)			問4(4)		問4(4)	
		第6条（絶縁抵抗等）	問4(5)	問4(3)	問4(4)		問4(3)		問4(4)	
		第7条（過大音響衝撃の発生防止）	問4(5)	問4(4)			問4(4)		問4(4)	
		第8条（配線設備等）	問4(5)	問4(4)					問4(5)	問4(3)
		第9条（端末設備内において電波を使用する端末設備）	問4(5)	問4(4)						
		第10条（基本的機能）			問4(3)				問4(4)	
		第11条（発信の機能）		問4(5)			問4(5)		問4(4)	
		第12条（選択信号の条件）					問4(5)			
		第12条の2（緊急通報機能）		問4(5)						
		第13条（直流回路の電気的条件等）	問4(4)		問4(3)	問4(3)	問4(5)			問4(5)
		第15条（漏話減衰量）								
		第22条（位置登録制御）			問4(4)					
		第23条（チヤネル切替指示に従う機能）			問4(4)					
		第24条（受信レベル通知機能）							問4(3)	
		第28条（重要通信の確保のための機能）	問4(3)							
		第32条の2（基本的機能）			問4(5)					
		第32条の3（発信の機能）			問4(5)					
		第32条の7（電気的条件等）			問4(5)					
		第34条の2（基本的機能）			問4(5)					
		第34条の3（発信の機能）			問4(5)					
		第34条の4（緊急通報機能）								
		第34条の5（電気的条件等）			問4(5)					
2章 有線電気通信法関連										
	2-1 有線電気通信法									
		有線電気通信法：								
		第1条（目的）	問5(2)	問5(1)		問5(1)	問5(2)			問5(1)
		第3条（有線電気通信設備の届出）	問5(1)	問5(2)		問5(2)	問5(2)			問5(2)

関連	区分	出題条文	出題状況							
			令和04年		令和03年		令和02年		平成31年(令和元年)	
			2回目	1回目	2回目	1回目	2回目	1回目	2回目	1回目
		第33条（国際電気通信業務を利用する公衆の権利）	問2(3)		問2(3)		問2(3)			問2(3)
		第34条（電気通信の停止）				問2(3)			問2(3)	
		第36条（責任）			問2(3)					
		第37条（電気通信の秘密）	問2(3)							問2(3)
		第38条（電気通信路及び電気通信設備の設置，運用及び保護）				問2(3)			問2(3)	
		第40条（人命の安全に関する電気通信の優先順位）			問2(3)					
		第45条（有害な混信）			問2(3)					
		第46条（遭難の呼出し及び通報）			問2(3)					
3-3 不正アクセス行為の禁止等に関する法律										
		不正アクセス行為の禁止等に関する法律：								
		第1条（目的）		問2(4)		問2(4)				問2(4)
		第2条（定義）	問2(4)	問2(4)	問2(4)		問2(4)			問2(4)
		第5条（不正アクセス行為を助長する行為の禁止）	問2(4)				問2(4)		問2(4)	
		第6条（他人の識別符号を不正に保管する行為の禁止）	問2(4)						問2(4)	
		第7条（識別符号の入力を不正に要求する行為の禁止）	問2(4)			問2(4)				問2(4)
		第8条（アクセス管理者による防御措置）		問2(4)			問2(4)		問2(4)	
		第10条（都道府県公安委員会による援助等）		問2(4)		問2(4)	問2(4)		問2(4)	
3-4 電子署名及び認証業務に関する法律										
		電子署名及び認証業務に関する法律	問2(5)			問2(5)			問2(5)	
		第1条（目的）		問2(5)	問2(5)			問2(5)	問2(5)	問2(5)
		第2条（定義）			問2(5)				問2(5)	
		第3条（電磁的記録の真正な成立の推定）								

III 本書の使い方

紙面構成

問題に関連する条文の内容です．覚えるべき重要な部分を太文字で強調しています．

過去に出題された問題を法規ごとに整理して示しています．

各条文の学習について注意すべき点を，アイコンで補足しています．

1-1 電気通信事業法，電気通信事業法施行規則

問1 「目的」 【R02-2 問1 (2)】

次の文章は，電気通信事業法の「目的」について述べたものである．同法の規定に照らして，[　]内の（イ），（ウ）に最も適したものを，下記の解答群から選び，その番号を記せ．

電気通信事業法は，電気通信事業の公共性にかんがみ，その運営を適正かつ[　]なものとするとともに，その公正な競争を促進することにより，電気通信役務の円滑な提供を確保するとともにその[　ウ　]を保護し，もって電気通信の健全な発達及び国民の利便の確保を図り，公共の福祉を増進することを目的とする．

〈（イ），（ウ）の解答群〉
① 通信の秘密　　② 公平　　　　③ 秩序　　　④ サービスの品質
⑤ 公正妥当　　　⑥ 利用者の利益　⑦ 安定的　　⑧ 合理的
⑨ 役務の基整　　⑩ 効率的

▶ 参照するポイント

電気通信事業法：（目的）
第一条　この法律は，電気通信事業の公共性にかんがみ，その運営を適正かつ**合理的**なものとするとともに，その公正な競争を促進することにより，電気通信役務の円滑な提供を確保するとともにその**利用者の利益**を保護し，もって電気通信の健全な発達及び国民の利便の確保を図り，公共の福祉を増進することを目的とする．

▶ 解説

電気通信事業法の「目的」について述べられた条文です．条文と設問を照らし合わせると，穴埋め箇所には次の言葉が入ることがわかります．
（イ）→　合理的
（ウ）→　利用者の利益

1-1 電気通信事業法，電気通信事業法施行規則

よって，正解は（イ）⑧，（ウ）⑥となります．

【解答 イ：⑧，ウ：⑥】

問2 電気通信事業法，電気通信事業法施行規則に規定する用語の「定義」 【R03-2 問1 (1)】

電気通信事業法又は電気通信事業法施行規則に規定する用語について述べた次の文章のうち，誤っているものは，[　ア　]である．

〈（ア）の解答群〉
① 電気通信設備とは，電気通信を行うための機械，器具，線路その他の電気的設備をいう．
② 電気通信役務とは，電気通信設備を他人の需要に応ずるために提供する事業（放送法に規定する放送局設備供給役務に係る事業を除く．）をいう．
③ 電気通信役務とは，国民生活に不可欠であるためあまねく日本全国における提供が確保されるべきものとして総務省令で定める電気通信サービスの提供役務をいう．
④ 特定移動電気通信役務とは，電気通信事業法に規定する特定移動端末設備と接続される伝送路設備を用いる電気通信役務をいう．
⑤ 端末系伝送路設備とは，端末設備又は自営電気通信設備と接続される伝送路設備をいう．

▶ 参照するポイント

電気通信事業法：（定義）
第二条　この法律において，次の各号に掲げる用語の意義は，当該各号に定めるところによる．
一　電気通信　有線，無線その他の電磁的方式により，符号，音響又は影像を送り，伝え，又は受けることをいう．
二　電気通信設備　電気通信を行うための機械，器具，線路その他の電気的設備をいう．
三　電気通信役務　電気通信設備を用いて他人の通信を媒介し，その他電気通

H 覚えよう！
各用語の意義を覚えましょう．第2条以外の条文にある用語からも出題されることがありますので注意しましょう．

問題の解説です．どの部分に注目すべきかをていねいに解説しています．

条文の頻出度（高・中・低）をアイコンで示しています．

xvi

本書で使用しているアイコン

【頻出度を示すアイコン】：過去 3 年間の出題傾向からの条文の頻出度を表します．

頻出度【高】です．
必ず覚えよう！

頻出度【中】です．
覚えておくとよい！

アイコンなし

頻出度【低】です．
余裕があれば覚えましょう．

【注意を促すアイコン】：各条文についての補足説明です．

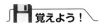

学習のポイント部分です．

問題を解く上で注意すべき
部分を示します．

理解を助ける情報です．

条文の構成の読み方

　条文の構成は3構成からなっており，大きい方から「条」「項」「号」となっています．

条（第十三条）

第十三条　直流回路を閉じているときのアナログ電話端末の直流回路の電気的条件は，次のとおりでなければならない． ─ 第1項（第十三条第1項）

　一　直流回路の直流抵抗値は，二〇ミリアンペア以上一二〇ミリアンペア以下の電流で測定した値で五〇オーム以上三〇〇オーム以下であること．ただし，直流回路の直流抵抗値と電気通信事業者の交換設備からアナログ電話端末までの線路の直流抵抗値の和が五〇オーム以上一，七〇〇オーム以下の場合にあっては，この限りでない． ─ 第一号（第十三条第1項第一号）

　二　ダイヤルパルスによる選択信号送出時における直流回路の静電容量は，三マイクロフアラド以下であること． ─ 第二号（第十三条第1項第二号）

2　直流回路を開いているときのアナログ電話端末の直流回路の電気的条件は，次のとおりでなければならない． ─ 第2項（第十三条第2項）

　一　直流回路の直流抵抗値は，一メガオーム以上であること． ─ 第一号（第十三条第2項第一号）

　二　直流回路と大地の間の絶縁抵抗は，直流二〇〇ボルト以上の一の電圧で測定した値で一メガオーム以上であること． ─ 第二号（第十三条第2項第二号）

　三　呼出信号受信時における直流回路の静電容量は，三マイクロフアラド以下であり，インピーダンスは，七五ボルト，一六ヘルツの交流に対して二キロオーム以上であること． ─ 第三号（第十三条第2項第三号）

3　アナログ電話端末は，電気通信回線に対して直流の電圧を加えるものであってはならない． ─ 第3項（第十三条第3項）

　注意点として，第1項は「1」の数値が省略されている点に注意してください．
　また，「号」の下には「イ，ロ，ハ，…」や「(1)，(2)，(3)，…」などの番号付きで各条文が記載されていることもあります．

> **⚠ 注意しよう！**
> 本書の「解説」では，「条」「項」の数字をアラビア数字「号」の数字を漢数字でそれぞれ示しています．「参照するポイント」ではもとの条文のまま示しています．

目 次

1章　電気通信事業法関連

2章　有線電気通信法関連

3章　その他の関連法規

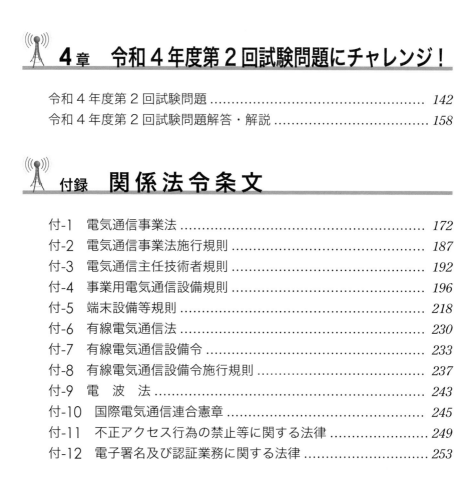

4章 令和4年度第2回試験問題にチャレンジ！

付録 関係法令条文

1章
電気通信事業法関連

本章の出題項目
1-1　電気通信事業法，電気通信事業法施行規則
1-2　電気通信主任技術者規則
1-3　事業用電気通信設備規則
1-4　端末設備等規則

問1	「目的」	【R02-2 問1 (2)】 ☑☑☑

　次の文章は，電気通信事業法の「目的」について述べたものである．同法の規定に照らして，□□□□□内の（イ），（ウ）に最も適したものを，下記の解答群から選び，その番号を記せ．

　電気通信事業法は，電気通信事業の公共性にかんがみ，その運営を適正かつ□（イ）□なものとするとともに，その公正な競争を促進することにより，電気通信役務の円滑な提供を確保するとともにその□（ウ）□を保護し，もって電気通信の健全な発達及び国民の利便の確保を図り，公共の福祉を増進することを目的とする．

〈（イ），（ウ）の解答群〉
① 通信の秘密　② 公平　　③ 秩序　　④ サービスの品質
⑤ 公正妥当　　⑥ 利用者の利益　⑦ 安定的　⑧ 合理的
⑨ 役務の基盤　⑩ 効率的

■ **参照するポイント**

電気通信事業法：（目的）

第一条　この法律は，電気通信事業の公共性にかんがみ，その運営を適正かつ**合理的**なものとするとともに，その公正な競争を促進することにより，電気通信役務の円滑な提供を確保するとともにその**利用者の利益**を保護し，もって電気通信の健全な発達及び国民の利便の確保を図り，公共の福祉を増進することを目的とする．

■ **解説**

　電気通信事業法の「目的」について述べられた条文です．条文と設問を照らし合わせると，穴埋め箇所には次の言葉が入ることがわかります．

（イ）→　合理的

（ウ）→　利用者の利益

よって，正解は (イ) ⑧，(ウ) ⑥となります．

【解答　イ：⑧，ウ：⑥】

問2	電気通信事業法，電気通信事業法施行規則に規定する用語の「定義」	【R03-2　問1 (1)】☑☑☑

電気通信事業法又は電気通信事業法施行規則に規定する用語について述べた次の文章のうち，誤っているものは，　(ア)　である．

〈(ア) の解答群〉
① 電気通信設備とは，電気通信を行うための機械，器具，線路その他の電気的設備をいう．
② 電気通信事業とは，電気通信役務を他人の需要に応ずるために提供する事業（放送法に規定する放送局設備供給役務に係る事業を除く.）をいう．
③ 電気通信役務とは，国民生活に不可欠であるためあまねく日本全国における提供が確保されるべきものとして総務省令で定める電気通信サービスの提供役務をいう．
④ 特定移動通信役務とは，電気通信事業法に規定する特定移動端末設備と接続される伝送路設備を用いる電気通信役務をいう．
⑤ 端末系伝送路設備とは，端末設備又は自営電気通信設備と接続される伝送路設備をいう．

■ 参照するポイント

電気通信事業法：（定義）

超重要! 第二条　この法律において，次の各号に掲げる用語の意義は，当該各号に定めるところによる．

　一　電気通信　有線，無線その他の電磁的方式により，符号，音響又は影像を送り，伝え，又は受けることをいう．

　二　電気通信設備　電気通信を行うための機械，器具，線路その他の電気的設備をいう．

　三　電気通信役務　電気通信設備を用いて他人の通信を媒介し，その他電気通

覚えよう！
各用語の意義を覚えましょう．
第2条以外の条文内にある用語からも出題されることがありますので注意しましょう．

信設備を他人の通信の用に供することをいう.

四　電気通信事業　電気通信役務を他人の需要に応ずるために提供する事業（放送法（昭和二十五年法律第百三十二号）第百十八条第一項に規定する放送局設備供給役務に係る事業を除く.）をいう.

五　電気通信事業者　電気通信事業を営むことについて，第九条の登録を受けた者及び第十六条第一項の規定による届出をした者をいう.

六　電気通信業務　電気通信事業者の行う電気通信役務の提供の業務をいう.

電気通信事業法施行規則：（用語）

超重要!　第二条　この省令において使用する用語は，法において使用する用語の例による.

2　この省令において，次の各号に掲げる用語の意義は，当該各号に定めるところによる.

一　音声伝送役務　おおむね四キロヘルツ帯域の音声その他の音響を伝送交換する機能を有する電気通信設備を他人の通信の用に供する電気通信役務であつてデータ伝送役務以外のもの

二　データ伝送役務　専ら符号又は影像を伝送交換するための電気通信設備を他人の通信の用に供する電気通信役務

三　専用役務　特定の者に電気通信設備を専用させる電気通信役務

四　特定移動通信役務　法第十二条の二第四項第二号ニに規定する特定移動端末設備と接続される伝送路設備を用いる電気通信役務

五　全部認定事業者　その電気通信事業の全部について法第百十七条第一項の認定（法第百二十二条第一項の変更の認定があつた場合は当該変更の認定. 第七号において同じ.）を受けている認定電気通信事業者

六　全部認定証　第四十条の十一第一項に規定する認定証

七　一部認定事業者　その電気通信事業の一部について認定を受けている認定電気通信事業者

八　一部認定証　第四十条の十一第二項に規定する認定証

電気通信事業法施行規則：（登録を要しない電気通信事業）

第三条　法第九条第一号の総務省令で定める基準は，設置する電気通信回線設備が次の各号のいずれにも該当することとする.

一　端末系伝送路設備（端末設備又は自営電気通信設備と接続される伝送路設

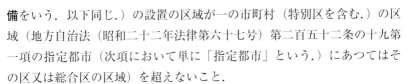

備をいう．以下同じ．）の設置の区域が一の市町村（特別区を含む．）の区域（地方自治法（昭和二十二年法律第六十七号）第二百五十二条の十九第一項の指定都市（次項において単に「指定都市」という．）にあつてはその区又は総合区の区域）を超えないこと．

二　中継系伝送路設備（端末系伝送路設備以外の伝送路設備をいう．以下同じ．）の設置の区間が一の都道府県の区域を超えないこと．

（以下，省略）

解説

電気通信事業法の第2条では，本法で用いられる用語（"電気通信"，"電気通信設備"，"電気通信役務"，"電気通信事業"，"電気通信事業者"，"電気通信業務"）の意義が定義されています．

電気通信事業法施行規則の第2条では，本法で用いられる用語（"音声伝送役務"，"データ伝送役務"，"専用役務"，"特定移動通信役務"，"全部認定事業者"，"全部認定証"，"一部認定事業者"，"一部認定証"）の定義を行っています．また，第3条においても一部の用語（"端末系伝送路設備"，"中継系伝送路設備"）の定義を行っています．

設問で示されている用語の説明と比較すると次のようになります．

① 電気通信事業法第2条第二号に示される内容と一致しています．

② 電気通信事業法第2条第四号に示される内容と一致しています．

③ 電気通信事業法第2条第三号から，以下の文面が異なります．

条文：電気通信設備を用いて他人の通信を媒介し，その他電気通信設備を他人の通信の用に供することをいう

設問：国民生活に不可欠であるためあまねく日本全国における提供が確保されるべきものとして総務省令で定める電気通信サービスの提供役務をいう

④ 電気通信事業法施行規則第2条第四号に示される内容と一致しています．

⑤ 電気通信事業法施行規則第3条第一号に示される内容と一致しています．

よって，正解は　(ア) ③です．

【解答　③】

　電気通信事業法に規定する「基礎的電気通信役務の提供」，「基礎的電気通信役務の契約約款」又は「提供義務」について述べた次の文章のうち，<u>誤っているもの</u>は，　(イ)　である

〈(イ) の解答群〉

① 　基礎的電気通信役務とは，国民生活に不可欠であるためあまねく日本全国における提供が確保されるべきものとして総務省令で定める電気通信役務をいう．

② 　基礎的電気通信役務を提供する電気通信事業者は，その適切，公平かつ安定的な提供に努めなければならない．

③ 　基礎的電気通信役務を提供する電気通信事業者は，その提供する基礎的電気通信役務に関する料金その他の提供条件（電気通信事業法の規定により認可を受けるべき技術的条件に係る事項及び総務省令で定める事項を除く．）について収支計画書を作成し，総務省令で定めるところにより，その実施前に，総務大臣の許可を受けなければならない．これを変更しようとするときも，同様とする．

④ 　基礎的電気通信役務を提供する電気通信事業者は，正当な理由がなければ，その業務区域における基礎的電気通信役務の提供を拒んではならない．

■参照するポイント

電気通信事業法：（基礎的電気通信役務の提供）

第七条　基礎的電気通信役務（**国民生活に不可欠であるためあまねく日本全国における提供が確保されるべきものとして総務省令で定める電気通信役務**をいう．以下同じ．）を提供する電気通信事業者は，**その適切，公平かつ安定的な提供に努めなければならない**．

覚えよう！
第7条は，基礎的電気通信役務の用語やその努めについてよく出題されます．覚えておきましょう．

電気通信事業法：（基礎的電気通信役務の契約約款）

超重要！第十九条　基礎的電気通信役務を提供する電気通信事業者は，その提供する基礎

的電気通信役務に関する料金その他の提供条件（第五十二条第一項又は第七十条第一項第一号の規定により認可を受けるべき技術的条件に係る事項及び総務省令で定める事項を除く．）について**契約約款を定め**，総務省令で定めるところにより，その実施前に，総務大臣に届け出なければならない．これを変更しようとするときも，同様とする．

（以下，省略）

電気通信事業法：（提供義務）

第二十五条　**基礎的電気通信役務を提供する電気通信事業者は，正当な理由がなければ，その業務区域における基礎的電気通信役務の提供を拒んではならない．**

2　指定電気通信役務を提供する電気通信事業者は，当該指定電気通信役務の提供の相手方と料金その他の提供条件について別段の合意がある場合を除き，正当な理由がなければ，その業務区域における保障契約約款に定める料金その他の提供条件による当該指定電気通信役務の提供を拒んではならない．

■ 解説 ■

　設問にある①から④の各説明は，①から②：電気通信事業法の第7条（「基礎的電気通信役務の提供」），③：電気通信事業法の第19条（「基礎的電気通信役務の契約約款」），④：電気通信事業法の第25条（「提供義務」），にそれぞれ対応します．

　設問で示されている説明文と比較すると次のようになります．

①　電気通信事業法第7条にある"基礎的電気通信役務"の用語の内容と一致しています．

②　電気通信事業法第7条に示される内容と一致しています．

③　電気通信事業法第19条から，以下の文面が異なります．

　　条文：…について**契約約款を定め**，総務省令で定めるところにより…

　　設問：…について**収支計画書を作成し**，総務省令で定めるところにより…

④　電気通信事業法第25条に示される内容と一致しています．

　よって，正解は　(イ) ③です．

【解答　③】

| 問4 | 「重要通信の確保」「事業の休止及び廃止並びに法人の解散」「業務の停止等の報告」「電気通信主任技術者」 | 【R元-2　問1 (3)】 ☑☑☑ |

電気通信事業法に規定する「重要通信の確保」，「電気通信主任技術者」，「業務の停止等の報告」などについて述べた次の文章のうち，正しいものは，　(ウ)　である．

〈(ウ) の解答群〉

① 電気通信事業者は，重要通信の円滑な実施を他の電気通信事業者と相互に連携を図りつつ確保するため，他の電気通信事業者と電気通信設備を相互に接続する場合には，電気通信事業者の事業の規模又は業務区域に応じて，重要通信の優先的な取扱いについて取り決めることその他の必要な措置を講じなければならない．

② 電気通信事業者は，事業用電気通信設備を技術基準に適合するように維持するため，総務省令で定めるところにより，電気通信主任技術者資格者証の交付を受けている者のうちから，電気通信主任技術者を選任しなければならない．ただし，その事業用電気通信設備が小規模である場合その他の総務省令で定める場合は，この限りでない．

③ 電気通信事業者は，電気通信事業法の規定により電気通信業務の一部を停止したとき，又は電気通信業務に関し通信の秘密の漏えいその他総務省令で定める重大な事故が生じたときは，その旨をその経緯及び対応状況とともに，遅滞なく，総務大臣に報告しなければならない．

④ 電気通信事業者は，電気通信事業の全部又は一部を休止し，又は廃止したときは，遅滞なく，その旨を総務大臣に届け出なければならない．

■■参照するポイント■

電気通信事業法：（重要通信の確保）

第八条 電気通信事業者は，天災，事変その他の非常事態が発生し，又は発生するおそれがあるときは，災害の予防若しくは救援，交通，通信若しくは電力の供給の確保又は秩序の維持のために必要な事項を内容とする通信を優先的に取り扱わなければならない．公共の利益のため緊急に行うことを要するその他の通信で

あつて総務省令で定めるものについても，同様とする．

2　前項の場合において，電気通信事業者は，必要があるときは，総務省令で定める基準に従い，電気通信業務の一部を停止することができる．

3　電気通信事業者は，第一項に規定する通信（以下「重要通信」という．）の**円滑な実施を他の電気通信事業者と相互に連携を図りつつ確保するため**，他の電気通信事業者と電気通信設備を相互に接続する場合には，**総務省令で定めるところにより，重要通信の優先的な取扱いについて取り決めることその**他の必要な措置を講じなければならない．

電気通信事業法：（事業の休止及び廃止並びに法人の解散）

第十八条　電気通信事業者は，電気通信事業の**全部又は一部を休止し，又は廃止したときは，遅滞なく**，その旨を総務大臣に届け出なければならない．

（以下，省略）

電気通信事業法：（業務の停止等の報告）

超重要！ 第二十八条　電気通信事業者は，第八条第二項の規定により電気通信業務の一部を停止したとき，又は電気通信業務に関し通信の秘密の漏えいその他総務省令で定める重大な事故が生じたときは，その旨を**その理由又は原因**とともに，遅滞なく，総務大臣に報告しなければならない．

電気通信事業法：（電気通信主任技術者）

第四十五条　電気通信事業者は，**事業用電気通信設備の工事，維持及び運用に関し総務省令で定める事項を監督させるため**，総務省令で定めるところにより，**電気通信主任技術者資格者証の交付を受けている者のうちから，電気通信主任技術者を選任しなければならない**．ただし，その事業用電気通信設備が小規模である場合その他の総務省令で定める場合は，この限りでない．

（以下，省略）

■ 解説

　設問にある①から④の各説明は，①：電気通信事業法の第8条（「重要通信の確保」），②：電気通信事業法の第45条（「電気通信主任技術者」），③：電気通信事業法の第28条（「業務の停止等の報告」），④：電気通信事業法の第18条

（「事業の休止及び廃止並びに法人の解散」），にそれぞれ対応します．

　設問で示されている説明文と比較すると次のようになります．

① 第8条第3項から，以下の文面が異なります．

　条文：…場合には，**総務省令で定めるところにより，**…

　設問：…場合には，**電気通信事業者の事業の規模又は業務区域に応じて，**…

② 第45条から，以下の文面が異なります．

　条文：電気通信事業者は，事業用電気通信設備の**工事，維持及び運用に関し総務省令で定める事項を監督させるため，**総務省令で定めるところにより，…

　設問：電気通信事業者は，事業用電気通信設備**を技術基準に適合するように維持するため，**総務省令で定めるところにより，…

③ 第28条から，以下の文面が異なります．

　条文：…重大な事故が生じたときは，その旨を**その理由又は原因**とともに，…

　設問：…重大な事故が生じたときは，その旨を**その経緯及び対応状況**とともに，…

④ 第18条に示される内容と一致しています．

　よって，正解は <u>（ウ）</u> ④です．

【解答　④】

問5	「電気通信事業の登録」「登録の取消し」	【R03-2　問1 (3)】 ☑☑☑

　電気通信事業法に規定する「電気通信事業の登録」及び「登録の取消し」について述べた次のA〜Cの文章は，　（ウ）　．

　A　電気通信事業を営もうとする者は，総務大臣の登録を受けなければならない．ただし，その者の設置する電気通信回線設備の規模及び当該電気通信回線設備を設置する区域の人口が総務省令で定める基準を超えない場合は，この限りでない．

　B　電気通信事業の登録を受けようとする者は，総務省令で定めるところにより，次の事項を記載した申請書を総務大臣に提出しなければなら

ない．

  (ⅰ) 氏名又は名称及び住所並びに法人にあっては，その代表者の氏名

  (ⅱ) 外国法人等（外国の法人及び団体並びに外国に住所を有する個人をいう．）にあっては，国内における代表者又は国内における代理人の氏名又は名称及び国内の住所

  (ⅲ) 業務区域

  (ⅳ) 電気通信設備の概要

  (ⅴ) その他総務省令で定める事項

 C 総務大臣は，電気通信事業の登録を受けた者が電気通信事業法又は同法に基づく命令若しくは処分に違反した場合において，10 日以内に業務の改善が図られないと認めるときは，電気通信事業の登録を取り消すことができる．

〈（ウ）の解答群〉

① A のみ正しい ② B のみ正しい ③ C のみ正しい

④ A，B が正しい ⑤ A，C が正しい ⑥ B，C が正しい

⑦ A，B，C いずれも正しい   ⑧ A，B，C いずれも正しくない

■ 参照するポイント

電気通信事業法：（電気通信事業の登録）

重要！ 第九条 電気通信事業を営もうとする者は，**総務大臣の登録を受けなければならない**．ただし，次に掲げる場合は，この限りでない．

> **覚えよう！**
> 第 9 条第 1 項第一号はよく出題されます．

 一 その者の設置する電気通信回線設備（送信の場所と受信の場所との間を接続する伝送路設備及びこれと一体として設置される交換設備並びにこれらの附属設備をいう．以下同じ．）の**規模及び当該電気通信回線設備を設置する区域の範囲が総務省で定める基準を超えない場合**

> **覚えよう！**
> 「電気通信回線設備」の用語も覚えておきましょう．

（以下，省略）

重要！ 第十条 前条の登録を受けようとする者は，総務省令で定めるところにより，次

の事項を記載した申請書を総務大臣に提出しなければならない．

一　氏名又は名称及び住所並びに法人にあつては，
　　その代表者の氏名

二　外国法人等（外国の法人及び団体並びに外国に
　　住所を有する個人をいう．以下この章及び第百十八条第四号において同
　　じ．）にあつては，国内における代表者又は国内における代理人の氏名又
　　は名称及び国内の住所

三　業務区域

四　電気通信設備の概要

五　その他総務省令で定める事項

（以下，省略）

電気通信事業法：（登録の取消し）

重要!　第十四条　総務大臣は，第九条の登録を受けた者が次
の各号のいずれかに該当するときは，同条の登録を取
り消すことができる．

一　当該第九条の登録を受けた者がこの法律又はこの法律に基づく命令若しく
　　は処分に違反した場合において，**公共の利益を阻害すると認めるとき**．

二　不正の手段により第九条の登録，第十二条の二第一項の登録の更新又は前
　　条第一項の変更登録を受けたとき．

三　第十二条第一項第一号から第四号まで（第二号にあつては，この法律に相
　　当する外国の法令の規定に係る部分に限る．）のいずれかに該当するに至
　　つたとき．

（以下，省略）

■■ 解説

　設問にあるAからCの各説明は，A：電気通信事業法の第9条（「電気通信事
業の登録」），B：電気通信事業法の第10条（「電気通信事業の登録」），C：電気
通信事業法の第14条（「登録の取消し」），にそれぞれ対応します．

　設問で示されている説明文と比較すると次のようになります．

　A　第9条第一号から，以下の文面が異なります．

　　　条文：…当該電気通信回線設備を設置する区域の**範囲**が総務省令で定める

基準…

設問：…当該電気通信回線設備を設置する区域の**人口**が総務省令で定める

基準…

B　第 10 条に示される文面と一致しています．

C　第 14 条第一号から，以下の文面が異なります．

条文：…において，**公共の利益を阻害する**と認めるとき．

設問：…において，**10 日以内に業務の改善が図られない**と認めるときは，…

よって，B のみ正しいため，正解は ⌈(ウ)⌉ ②です．

【解答　②】

| 問6 | 「業務の改善命令」 | 【H31-1　問 1 (4)】 ☑☑☑ |

電気通信事業法の「業務の改善命令」に規定する，総務大臣が，該当すると認めるときに電気通信事業者に対し，利用者の利益又は公共の利益を確保するために必要な限度において，業務の方法の改善その他の措置をとるべきことを命ずることができる場合について述べた次の文章のうち，<u>誤っているものは，⌈(オ)⌉である</u>

〈(オ) の解答群〉

①　電気通信事業者の業務の方法に関し通信の秘密の確保に支障があるとき．

②　電気通信回線設備を設置することなく電気通信役務を提供する電気通信事業の経営によりこれと電気通信役務に係る需要を共通とする電気通信回線設備を設置して電気通信役務を提供する電気通信事業の当該需要に係る電気通信回線設備の保持が経営上困難となるため，公共の利益が著しく阻害されるおそれがあるとき．

③　電気通信事業者が国際電気通信事業に関する条約その他の国際約束により課された義務を誠実に履行していないため，公共の利益が著しく阻害されるおそれがあるとき．

④　電気通信事業者の事業の運営が適正かつ合理的でないため，電気通信の健全な発達又は国民の利便の確保に支障が生ずるおそれがあるとき．

⑤　事故により電気通信役務の提供に支障が生ずるおそれがある場合に電気通信事業者がその支障をあらかじめ回避するために必要な修理その他の措置を速やかに行わないとき．

参照するポイント

電気通信事業法：（業務の改善命令）

第二十九条　総務大臣は，次の各号のいずれかに該当すると認めるときは，電気通信事業者に対し，**利用者の利益又は公共の利益を確保するために必要な限度において**，業務の方法の改善その他の措置をとるべきことを命ずることができる．

一　電気通信事業者の業務の方法に関し通信の秘密の確保に支障があるとき．

（途中，省略）

八　事故により電気通信役務の提供に支障が生じている場合に電気通信事業者がその支障を除去するために必要な修理その他の措置を速やかに行わないとき．

九　電気通信事業者が国際電気通信事業に関する条約その他の国際約束により課された義務を誠実に履行していないため，公共の利益が著しく阻害されるおそれがあるとき．

（途中，省略）

十一　電気通信回線設備を設置することなく電気通信役務を提供する電気通信事業の経営によりこれと電気通信役務に係る需要を共通とする電気通信回線設備を設置して電気通信役務を提供する電気通信事業の当該需要に係る電気通信回線設備の保持が経営上困難となるため，公共の利益が著しく阻害されるおそれがあるとき．

十二　前各号に掲げるもののほか，電気通信事業者の事業の運営が適正かつ合理的でないため，電気通信の健全な発達又は国民の利便の確保に支障が生ずるおそれがあるとき．

（以下，省略）

解説

電気通信事業法の第 29 条（「業務の改善命令」）において，設問で示されている説明文と比較すると次のようになります．

①　第 29 条第一号に示される内容と一致しています．

② 第29条第十一号に示される内容と一致しています．

③ 第29条第九号に示される内容と一致しています．

④ 第29条第十二号に示される内容と一致しています．

⑤ 第29条第八号から，以下の文面が異なります．

条文：…支障が**生じている**場合に電気通信事業者がその**支障を除去するために**…

設問：…支障が**生ずる**おそれがある場合に電気通信事業者がその**支障をあらかじめ回避するために**…

よって，正解は（オ）⑤です．

【解答　⑤】

問7	「電気通信回線設備との接続」	【R03-1　問1（4）】 ☑☑☑

電気通信事業法の「電気通信回線設備との接続」に規定する，電気通信事業者が，他の電気通信事業者から当該他の電気通信事業者の電気通信設備をその設置する電気通信回線設備に接続すべき旨の請求を受けたとき，その請求に応じなくてもよい場合について述べた次のA～Cの文章は，　（オ）　．

A　当該接続が当該電気通信事業者の利益を不当に害するおそれがあるとき．

B　当該電気通信事業者が契約約款で定める正当な理由があるとき．

C　電気通信役務に関する料金の適正な算定に支障が生ずるおそれがあるとき．

〈（オ）の解答群〉

① Aのみ正しい　② Bのみ正しい　③ Cのみ正しい

④ A，Bが正しい　⑤ A，Cが正しい　⑥ B，Cが正しい

⑦ A，B，Cいずれも正しい　　⑧ A，B，Cいずれも正しくない

■**参照するポイント**

電気通信事業法：（電気通信回線設備との接続）

第三十二条　電気通信事業者は，他の電気通信事業者から当該他の電気通信事業者の電気通信設備をその設置する電気通信回線設備に接続すべき旨の請求を受け

たときは，次に掲げる場合を除き，これに応じなければならない．

　一　電気通信役務の円滑な提供に支障が生ずるおそれがあるとき．

　二　当該接続が当該電気通信事業者の利益を不当に害するおそれがあるとき．

　三　前二号に掲げる場合のほか，総務省令で定める正当な理由があるとき．

解説

　電気通信事業法の第32条は，他の電気通信事業者からの「電気通信回線設備との接続」についての規定が記述されています．この条文では，接続請求に対して**応じる必要のない3つの事項**が示されています．

　設問で示されている説明文と比較すると次のようになります．

A　第32条第二号に示される文面と一致しているため，応じる必要はありません．

B　第32条第三号から，以下の文面が異なるため，応じる必要があります．

　　条文：…，**総務省令**で定める正当な理由があるとき

　　設問：**当該電気通信事業者が契約約款**で定める正当な理由があるときは，…

C　第32条第一号から，以下の文面が異なるため，応じる必要があります．

　　条文：**電気通信役務の円滑な提供**に支障が生ずるおそれがあるとき

　　設問：**電気通信役務に関する料金の適正な算定**に支障が生ずるおそれがあるとき

　よって，Aのみが正しいため，正解は＿(オ)　①です．

【解答　①】

問8	「電気通信設備の維持」	【R元-2　問1 (4)】 ☑☑☑

　電気通信事業法の「電気通信設備の維持」において，電気通信回線設備を設置する電気通信事業者は，その電気通信事業の用に供する電気通信設備（専らドメイン名電気通信役務を提供する電気通信事業の用に供するもの及びその損壊又は故障等による利用者の利益に及ぼす影響が軽微なものとして総務省令で定めるものを除く．）を総務省令で定める技術基準に適合するように維持しなければならないと規定されている．この技術基準により確保されなければならない事項について述べた次のA〜Cの文章は，　(エ)　．

> A　他の電気通信事業者の接続する電気通信設備との責任の分界が明確で
> あるようにすること．
>
> B　電気通信設備の損壊又は故障により，電気通信役務の提供に著しい支
> 障を及ぼさないようにすること．
>
> C　利用者又は他の電気通信事業者の接続する電気通信設備を損傷し，又
> は人体に危害を及ぼさないようにすること．

〈（エ）の解答群〉

① Aのみ正しい　　② Bのみ正しい　　③ Cのみ正しい

④ A，Bが正しい　⑤ A，Cが正しい　⑥ B，Cが正しい

⑦ A，B，Cいずれも正しい　　　　　⑧ A，B，Cいずれも正しくない

参照するポイント

電気通信事業法：（電気通信設備の維持）

重要! 第四十一条　電気通信回線設備を設置する電気通信事業者は，その電気通信事業
の用に供する電気通信設備（第三項に規定する電気通信設備，専らドメイン名電
気通信役務を提供する電気通信事業の用に供する電気通信設備及びその損壊又は
故障等による利用者の利益に及ぼす影響が軽微なものとして総務省令で定める電
気通信設備を除く．）を総務省令で定める技術基準に適合するように維持しなけ
ればならない．

（途中省略）

6　第一項から第三項まで及び前項の技術基準は，こ
　れにより次の事項が確保されるものとして定めら
　れなければならない．

　一　電気通信設備の損壊又は故障により，電気通信
　　　役務の提供に著しい支障を及ぼさないようにすること．

　二　電気通信役務の品質が適正であるようにすること．

　三　通信の秘密が侵されないようにすること．

　四　利用者又は他の電気通信事業者の接続する電気通信設備を損傷し，又はそ
　　　の機能に障害を与えないようにすること．

　五　他の電気通信事業者の接続する電気通信設備との責任の分界が明確である
　　　ようにすること．

> **H** 覚えよう！
> 「技術基準の5原則」と呼ば
> れる第41条第6項の5つの
> 内容を覚えておきましょう．

設問で示されている説明文と比較すると次のようになります.

A　第41条第6項第五号に示される文面と一致しています.

B　第41条第6項第一号に示される文面と一致しています.

C　第41条第6項第四号から，以下の文面が異なります.

　　条文：…を損傷し，又は**その機能に障害を与えない**ようにすること.

　　設問：…を損傷し，又は**人体に危害を及ぼさない**ようにすること.

よって，AとBが正しいため，正解は　(エ)　④です.

【解答　④】

| 問9 | 「管理規程」「管理規程の変更命令等」 | 【R02-2　問1 (3)】 ☑☑☑ |

電気通信事業法に規定する「管理規程」及び「管理規程の変更命令等」について述べた次のA〜Cの文章は，　(エ)　.

A　電気通信事業者は，総務省令で定めるところにより，事業用電気通信設備の管理規程を定め，電気通信事業の開始後，20日以内に，総務大臣に届け出なければならない.

B　総務大臣は，電気通信事業者が電気通信事業法の規定により届け出た管理規程が同法の規定に適合しないと認めるときは，当該電気通信事業者に対し，これを変更すべきことを命ずることができる.

C　総務大臣は，電気通信事業者が管理規程を遵守していないと認めるときは，当該電気通信事業者に対し，電気通信役務の確実かつ安定的な提供を確保するために必要な限度において，管理規程を遵守すべきことを命ずることができる.

〈(エ) の解答群〉

① Aのみ正しい　　② Bのみ正しい　　③ Cのみ正しい

④ A，Bが正しい　⑤ A，Cが正しい　⑥ B，Cが正しい

⑦ A，B，Cいずれも正しい　　　　⑧ A，B，Cいずれも正しくない

■**参照するポイント**■

電気通信事業法：（管理規程）

重要！ 第四十四条　電気通信事業者は，総務省令で定めるところにより，第四十一条第一項から第五項まで（第四項を除く．）又は第四十一条の二のいずれかに規定する電気通信設備（以下「事業用電気通信設備」という．）の**管理規程を定め，電気通信事業の開始前に，総務大臣に届け出なければならない**．

2　管理規程は，電気通信役務の確実かつ安定的な提供を確保するために電気通信事業者が遵守すべき次に掲げる事項に関し，総務省令で定めるところにより，必要な内容を定めたものでなければならない．

一　電気通信役務の確実かつ安定的な提供を確保するための事業用電気通信設備の**管理の方針**に関する事項

二　電気通信役務の確実かつ安定的な提供を確保するための事業用電気通信設備の**管理の体制**に関する事項

三　電気通信役務の確実かつ安定的な提供を確保するための事業用電気通信設備の**管理の方法**に関する事項

四　第四十四条の三第一項に規定する**電気通信設備統括管理者の選任**に関する事項

（以下，省略）

電気通信事業法：（管理規程の変更命令等）

第四十四条の二　総務大臣は，電気通信事業者が前条第一項又は第三項の規定により届け出た管理規程が同条第二項の規定に適合しないと認めるときは，当該電気通信事業者に対し，これを変更すべきことを命ずることができる．

2　総務大臣は，電気通信事業者が管理規程を遵守していないと認めるときは，当該電気通信事業者に対し，電気通信役務の確実かつ安定的な提供を確保するために必要な限度において，管理規程を遵守すべきことを命ずることができる．

■**解説**■

　設問にあるＡからＣの各説明は，Ａ：電気通信事業法の第 44 条（「管理規程」），ＢからＣ：電気通信事業法の第 44 条の 2（「管理規程の変更命令等」），にそれぞれ対応します．

設問で示されている説明文と比較すると次のようになります.

A 第44条第1項から，以下の文面が異なります.

　条文：…管理規程を定め，電気通信事業の開始**前**に，総務大臣に届け出な
ければならない.

　設問：…管理規程を定め，電気通信事業の開始**後**，**20日以内**に，総務大
臣に届け出なければならない.

B 第44条の2第1項に示される文面と一致しています.

C 第44条の2第2項に示される文面と一致しています.

よって，BとCが正しいため，正解は　(エ) ⑥ です.

【解答　⑥】

問10	「電気通信設備統括管理者」「電気通信設備統括管理者の義務」「電気通信主任技術者等の義務」	【R元-2　問1 (1)】 ☑☑☑

電気通信事業法に規定する「電気通信主任技術者等の義務」，「電気通信設備統括管理者」又は「電気通信設備統括管理者等の義務」について述べた次の文章のうち，誤っているものは，　(ア)　である

〈(ア) の解答群〉

① 電気通信事業者は，電気通信主任技術者のその職務を行う事業場における事業用電気通信設備の工事，維持又は運用に関する助言を尊重しなければならず，事業用電気通信設備の工事，維持又は運用に従事する者は，電気通信主任技術者がその職務を行うため必要であると認めてする指示に従わなければならない.

② 電気通信事業者は，総務省令で定める期間ごとに，電気通信主任技術者に，登録講習機関が行う事業用電気通信設備の工事，維持及び運用に関する事項の監督に関する講習を受けさせなければならない.

③ 電気通信事業者は，電気通信設備統括管理者を選任し，又は解任したときは，総務省令で定めるところにより，遅滞なく，その旨を総務大臣に届け出なければならない.

④ 電気通信事業者は，管理規程に定める事項に関する業務を統括管理させるため，事業運営上の重要な決定に参画する代表権を有し，か

つ，電気通信設備の継続運用に関する一定の技術知識を保持その他の総務省令で定める要件を備える者のうちから，総務省令で定めるところにより，電気通信設備統括管理者を選任しなければならない．

⑤　電気通信設備統括管理者は，誠実にその職務を行わなければならない．電気通信事業者は，電気通信役務の確実かつ安定的な提供の確保に関し，電気通信設備統括管理者のその職務を行う上での意見を尊重しなければならない．

1章

電気通信事業法関連

参照するポイント

電気通信事業法：（電気通信設備統括管理者）

重要！第四十四条の三　電気通信事業者は，第四十四条第二項第一号から第三号までに掲げる事項に関する業務を統括管理させるため，事業運営上の重要な**決定に参画する管理的地位にあり**，かつ，電気通信設備の**管理**に関する一定の**実務の経験**その他の総務省令で定める要件を備える者のうちから，総務省令で定めるところにより，電気通信設備統括管理者を選任しなければならない．

参考
電気通信設備統括管理者は平成26年の法改正によって新たに導入された責任者の選任の義務付けです．

覚えよう！
電気通信設備統括管理者に関する第44条の3および第44条の4は近年においてよく出題される条文です．

2　電気通信事業者は，電気通信設備統括管理者を選任し，又は解任したときは，総務省令で定めるところにより，遅滞なく，その旨を総務大臣に届け出なければならない．

（以下，省略）

電気通信事業法：（電気通信設備統括管理者等の義務）

重要！第四十四条の四　電気通信設備統括管理者は，**誠実にその職務を行わなければならない．**

2　電気通信事業者は，電気通信役務の**確実かつ安定的な提供の確保**に関し，電気通信設備統括管理者のその職務を行う上での意見を尊重しなければならない．

電気通信事業法：（電気通信主任技術者等の義務）

超重要！第四十九条　電気通信主任技術者は，事業用電気通信設備の**工事，維持及び運用**

に関する事項の監督の職務を誠実に行わなければならない．

2　電気通信事業者は，電気通信主任技術者に対し，その**職務の執行に必要な権限を与えなければならない．**

3　電気通信事業者は，電気通信主任技術者のその職務を行う事業場における事業用電気通信設備の工事，維持又は運用に関する助言を尊重しなければならず，事業用電気通信設備の工事，維持又は運用に従事する者は，電気通信主任技術者がその職務を行うため必要であると認めてする指示に従わなければならない．

4　電気通信事業者は，総務省令で定める期間ごとに，電気通信主任技術者に，第八十五条の二第一項の規定により登録を受けた者（以下「登録講習機関」という．）が行う事業用電気通信設備の工事，維持及び運用に関する事項の監督に関する講習

> **参考**
> 第49条第4項に示されているように，電気通信主任技術者は定期的に講習を受けることが，平成26年の法改正で義務付けされています．

（第六節第二款，第百七十四条第一項第四号及び別表第一において「講習」という．）を受けさせなければならない．

■解説

　設問にある①から⑤の各説明は，①から②：電気通信事業法の第49条（「電気通信主任技術者等の義務」），③から④：電気通信事業法の第44条の3（「電気通信設備統括管理者」），⑤：電気通信事業法の第44条の4（「電気通信設備統括管理者等の義務」），にそれぞれ対応します．

　設問で示されている説明文と比較すると次のようになります．

①　第49条第3項に示される内容と一致しています．

②　第49条第4項に示される内容と一致しています．

③　第44条の3第2項に示される内容と一致しています．

④　第44条の3第1項から，以下の文面が異なります．

　条文：…統括管理させるため，事業運営上の重要な決定に参画する**管理的地位にあり**，かつ，電気通信設備の管理に関する一定の**実務の経験**その他の総務省令で定める要件を備える者のうちから，…

　設問：…統括管理させるため，事業運営上の重要な決定に参画する**代表権を有し**，かつ，電気通信設備の**継続運用**に関する一定の**技術知識を保持**その他の総務省令で定める要件を備える者のうちから，…

⑤　第44条の4に示される内容と一致しています．

よって，正解は　(ア) ④です．

【解答　④】

問11　「電気通信設備統括管理者の解任命令」　【R04-1　問1 (1)】☑☑☑

電気通信事業法に規定する「電気通信主任技術者等の義務」，「電気通信設備統括管理者」又は「電気通信設備統括管理者の解任命令」について述べた次の文章のうち，<u>誤っているもの</u>は，　(ア)　である

〈(ア) の解答群〉

①　電気通信主任技術者は，事業用電気通信設備の工事，維持及び運用に関する事項の監督の職務を誠実に行わなければならない．

②　電気通信事業者は，電気通信主任技術者に対し，その業務の遂行に必要な専門知識及び能力を向上させるための支援を与えなければならない．

③　電気通信事業者は，管理規程に定めた事項に関する業務を統括管理させるため，事業運営上の重要な決定に参画する管理的地位にあり，かつ，電気通信設備の管理に関する一定の実務の経験その他の総務省令で定める要件を備える者のうちから，総務省令で定めるところにより，電気通信設備統括管理者を選任しなければならない．

④　電気通信事業者は，電気通信設備統括管理者を選任し，又は解任したときは，総務省令で定めるところにより，遅滞なく，その旨を総務大臣に届け出なければならない．

⑤　総務大臣は，電気通信設備統括管理者がその職務を怠った場合であって，当該電気通信設備統括管理者が引き続きその職務を行うことが電気通信役務の確実かつ安定的な提供の確保に著しく支障を及ぼすおそれがあると認めるときは，電気通信事業者に対し，当該電気通信設備統括管理者を解任すべきことを命ずることができる．

■■参照するポイント■■

電気通信事業法：(電気通信設備統括管理者の解任命令)

第四十四条の五　総務大臣は，電気通信設備統括管理者がその職務を怠つた場合

であつて，当該電気通信設備統括管理者が引き続きその職務を行うことが電気通信役務の確実かつ安定的な提供の確保に著しく支障を及ぼすおそれがあると認めるときは，電気通信事業者に対し，当該電気通信設備統括管理者を解任すべきことを命ずることができる．

⚠ **注意しよう！**

第44条の3，第44条の4，第44条の5，第49条のいずれかをセットにした設問がよく出題されます．条文の提示される順番や注目すべき部分はそれぞれ異なる傾向にありますが，関連させて覚えておくとよいでしょう．

解説

設問にある①から⑤の各説明は，①から②：電気通信事業法の第49条（「電気通信主任技術者等の義務」），③から④：電気通信事業法の第44条の3（「電気通信設備統括管理者」），⑤：電気通信事業法の第44条の5（「電気通信設備統括管理者の解任命令」），にそれぞれ対応します．

設問で示されている説明文と比較すると次のようになります．

① 第49条第1項に示される内容と一致しています．

② 第49条第2項から，以下の文面が異なります．

条文：…電気通信主任技術者に対し，**その職務の執行に必要な権限を与えなければならない．**

設問：…電気通信主任技術者に対し，**その業務の遂行に必要な専門知識及び能力を向上させるための支援を与えなければならない．**

③ 第44条の3第1項に示される内容と一致しています．

④ 第44条の3第2項に示される内容と一致しています．

⑤ 第44条の5に示される内容と一致しています．

よって，正解は　(ア)　②です．

【解答　②】

問12	「端末設備の接続の技術基準」	【R03-1　問1 (5)】 ☑☑☑

電気通信事業法に規定する，端末設備の接続の技術基準により確保されるべき事項について述べた次のA～Cの文章は，　(カ)　．

A　電気通信回線設備を損傷し，又はその機能に障害を与えないようにす

ること．

B　電気通信回線設備を利用する他の利用者に迷惑を及ぼさないようにすること．

C　電気通信事業者の設置する電気通信回線設備と利用者の接続する端末設備との接続条件が開示されていること．

〈(カ) の解答群〉
① Aのみ正しい　　② Bのみ正しい　　③ Cのみ正しい
④ A，Bが正しい　⑤ A，Cが正しい　⑥ B，Cが正しい
⑦ A，B，Cいずれも正しい　　　　⑧ A，B，Cいずれも正しくない

■ **参照するポイント**

電気通信事業法：（端末設備の接続の技術基準）

第五十二条　電気通信事業者は，利用者から端末設備（電気通信回線設備の一端に接続される電気通信設備であつて，一の部分の設置の場所が他の部分の設置の場所と同一の構内（これに準ずる区域内を含む．）又は同一の建物内であるものをいう．以下同じ．）をその電気通信回線設備（その損壊又は故障等による利用者の利益に及ぼす影響が軽微なものとして総務省令で定めるものを除く．第六十九条第一項及び第二項並びに第七十条第一項において同じ．）に接続すべき旨の請求を受けたときは，その接続が総務省令で定める技術基準（当該電気通信事業者又は当該電気通信事業者とその電気通信設備を接続する他の電気通信事業者であつて総務省令で定めるものが総務大臣の認可を受けて定める技術的条件を含む．次項並びに第六十九条第一項及び第二項において同じ．）に適合しない場合その他総務省令で定める場合を除き，その請求を拒むことができない．

2　前項の総務省令で定める技術基準は，これにより次の事項が確保されるものとして定められなければならない．

一　電気通信回線設備を損傷し，又はその機能に障害を与えないようにすること．

二　電気通信回線設備を利用する他の利用者に迷惑を及ぼさないようにすること．

三　電気通信事業者の設置する電気通信回線設備と利用者の接続する端末設備との責任の分界が明確であるようにすること．

　設問にあるＡからＣの説明は，電気通信事業法の第 52 条（「端末設備の接続の技術基準」）の内容です．

　設問で示されている説明文と比較すると次のようになります．

Ａ　第 52 条第 2 項第一号に示される文面と一致しています．

Ｂ　第 52 条第 2 項第二号に示される文面と一致しています．

Ｃ　第 52 条第 2 項第三号から，以下の文面が異なります．

　　条文：…端末設備との**責任の分界が明確**であるようにすること．

　　設問：…端末設備との**接続条件が開示**されていること．

　よって，ＡとＢが正しいため，正解は（カ）④です．

【解答　④】

| 問 13 | 「緊急に行うことを要する通信」 | 【R元-2　問 1 (5)】 ☑☑☑ |

　次の(i)，(ii)は，電気通信事業法施行規則の「緊急に行うことを要する通信」に規定する通信について述べたものである．同規則の規定に照らして，　　　　　　内の（オ），（カ）に最も適したものを，下記の解答群から選び，その番号を記せ．

（i）　気象，水象，地象若しくは　（オ）　の報告又は警報に関する事項であって，緊急に通報することを要する事項を内容とする通信で，気象機関相互間において行われるものは該当する通信である．

（ii）　水道，ガス等の国民の日常生活に必要不可欠な　（カ）　その他生活基盤を維持するため緊急を要する事項を内容とする通信であって，これらの通信を行う者相互間において行われるものは該当する通信である．

〈（オ），（カ）の解答群〉

① 地動の観測　② 火山噴火の予兆　③ 通信の確保

④ 天象の変化　⑤ 災害の予防　⑥ 生活物資の調達

⑦ 役務の提供　⑧ 情報の共有

⑨ 海象の異常　⑩ ライフラインの復旧

参照するポイント

電気通信事業法施行規則：（緊急に行うことを要する通信）

第五十五条　法第八条第一項の総務省令で定める通信は，次の表の上欄に掲げる事項を内容とする通信であつて，同表の下欄に掲げる機関等において行われるものとする．

> **覚えよう！**
> 表内の"通信の内容"はよく出題されます．

通信の内容	機関等
一　火災，集団的疫病，交通機関の重大な事故その他人命の安全に係る事態が発生し，又は発生するおそれがある場合において，その予防，救援，復旧等に関し，緊急を要する事項	(1)　予防，救援，復旧等に直接関係がある機関相互間 (2)　上記の事態が発生し，又は発生するおそれがあることを知つた者と(1)の機関との間
（途中，省略）	（途中，省略）
五　気象，水象，地象若しくは地動の観測の報告又は警報に関する事項であつて，緊急に通報することを要する事項	気象機関相互間
六　水道，ガス等の国民の日常生活に必要不可欠な役務の提供その他生活基盤を維持するため緊急を要する事項	上記の通信を行う者相互間

※　（著者注）法令中の「上欄」は（表中の）「左欄」，「下欄」は，「右欄」に対応します．以降も同様．

解説

　「緊急に行うことを要する通信」については，電気通信事業法施行規則の第55条に記述されています．設問の(i)と(ii)の説明文は，その中の第五号と第六号にそれぞれ対応する内容です．

　条文と設問を照らし合わせると，穴埋め箇所には次の言葉が入ることがわかります．

（オ）→　地動の観測

（カ）→　役務の提供

　よって，正解は <u>（オ）①</u>，<u>（カ）⑦</u>となります．

【解答　オ：①，カ：⑦】

| 問 14 | 「重要通信の優先的取扱いについての取り決めるべき事項」 | 【R03-2　問1 (5)】 ☑☑☑ |

　電気通信事業法施行規則の「重要通信の優先的取扱いについての取り決めるべき事項」において，電気通信事業者は，他の電気通信事業者と電気通信設備を相互に接続する場合には，当該他の電気通信事業者との間で所定の事項を取り決めなければならないと規定されている．当該他の電気通信事業者との間で取り決めなければならない事項について述べた次のA～Cの文章は，　(オ)　．

A　重要通信を識別することができるよう重要通信に付される信号を識別した場合は，当該重要通信を優先的に取り扱うこと．

B　重要通信を確保するために必要があるときは，他の通信を制限し，又は停止すること．

C　電気通信設備の工事又は保守等により相互に接続する電気通信設備の接続点における重要通信の取扱いを一時的に中断する場合は，速やかに総務大臣に届け出ること．

〈(オ) の解答群〉
① Aのみ正しい　② Bのみ正しい　③ Cのみ正しい
④ A，Bが正しい　⑤ A，Cが正しい　⑥ B，Cが正しい
⑦ A，B，Cいずれも正しい　　　⑧ A，B，Cいずれも正しくない

■参照するポイント

電気通信事業法施行規則：(重要通信の優先的取扱いについての取り決めるべき事項)

第五十六条の二　電気通信事業者は，他の電気通信事業者と電気通信設備を相互に接続する場合には，当該他の電気通信事業者との間で，次の各号に掲げる事項を取り決めなければならない．

一　重要通信を確保するために必要があるときは，他の通信を制限し，又は停止すること．

二　電気通信設備の工事又は保守等により相互に接続する電気通信設備の接続点における重要通信の取扱いを一時的に中断する場合は，あらかじめその

旨を通知すること．

三　重要通信を識別することができるよう重要通信に付される信号を識別した場合は，当該重要通信を優先的に取り扱うこと．

解説

設問にある A から C の説明は，電気通信事業法施行規則の第 56 条の 2（「重要通信の優先的取扱いについての取り決めるべき事項」）の内容です．

設問で示されている説明文と比較すると次のようになります．

A　第 56 条の 2 第三号に示される文面と一致しています．

B　第 56 条の 2 第一号に示される文面と一致しています．

C　第 56 条の 2 第二号から，以下の文面が異なります．

　　条文：…一時的に中断する場合は，**あらかじめその旨を通知すること．**

　　設問：…一時的に中断する場合は，**速やかに総務大臣に届け出ること．**

よって，A と B が正しいため，正解は　(オ)　④です．

【解答　④】

問15	「業務の停止等の報告」	【R02-2　問1 (4)】☑☑☑

次の文章は，電気通信事業法に規定する「業務の停止等の報告」及び電気通信事業法施行規則に規定する「報告を要する重大な事故」について述べたものである．同法又は同規則の規定に照らして，[　　　]内の（オ），（カ）に最も適したものを，下記の解答群から選び，その番号を記せ．

電気通信事業者は，電気通信事業法の規定により電気通信業務の一部を停止したとき，又は電気通信業務に関し通信の秘密の漏えいその他総務省令で定める重大な事故が生じたときは，その旨をその理由又は原因とともに，遅滞なく，総務大臣に報告しなければならない．

上記の総務省令で定める報告を要する重大な事故の一つに，緊急通報を取り扱う音声伝送役務の全部又は一部の提供を停止又は品質を低下させた事故であって，その時間が[　(オ)　]以上で，かつ影響を受けた利用者の数が[　(カ)　]以上の事故がある．

参照するポイント

電気通信事業法施行規則：（報告を要する重大な事故）
第五十八条　法第二十八条の総務省令で定める重大な
事故は，次のとおりとする．

> **覚えよう！**
> 第1項にある表の内容を覚えておきましょう．

一　次の表の上欄に掲げる電気通信役務の区分に応じ，それぞれ同表の中欄に
　　掲げる時間以上電気通信設備の故障により電気通信役務の全部又は一部
　　（付加的な機能の提供に係るものを除く．）の提供を停止又は品質を低下さ
　　せた事故（他の電気通信事業者の電気通信設備の故障によるものを含む．）
　　であつて，当該電気通信役務の提供の停止又は品質の低下を受けた利用者
　　の数（総務大臣が当該利用者の数の把握が困難であると認めるものにあつ
　　ては，総務大臣が別に告示する基準に該当するもの）がそれぞれ同表の下
　　欄に掲げる数以上のもの

電気通信役務の区分	時間	利用者の数
一　緊急通報を取り扱う音声伝送役務	一時間	三万
二　緊急通報を取り扱わない音声伝送役務	二時間	三万
	一時間	十万
三　セルラーLPWA（無線設備規則第四十九条の六の九第一項及び第五項又は同条第一項及び第六項で定める条件に適合する無線設備をいう．）を使用する携帯電話（一の項又は二の項に掲げる電気通信役務を除く．）及び電気通信事業報告規則第一条第二項第十八号に規定するアンライセンスLPWAサービス	十二時間	三万
	二時間	百万
四　利用者から電気通信役務の提供の対価としての料金の支払を受けないインターネット関連サービス（一の項から三の項までに掲げる電気通信役務を除く．）	二十四時間	十万
	十二時間	百万

五　一の項から四の項までに掲げる電気通信役務以外の電気通信役務	二時間	三万
	一時間	百万

　二　電気通信事業者が設置した**衛星，海底ケーブルその他これに準ずる重要な電気通信設備の故障**により，当該電気通信設備を利用する全ての**通信の疎通が二時間以上不能となる事故**

■解説■

　電気通信事業法の「業務の停止等の報告」および電気通信事業法施行規則の「報告を要する重大な事故」についての設問です．特に，穴埋め箇所がある文は，「報告を要する重大な事故」の条文です．

　条文と設問を照らし合わせると，穴埋め箇所には次の言葉が入ることがわかります．

　（オ）→　1時間

　（カ）→　3万

　よって，正解は　（オ）②，（カ）⑦となります．

【解答　オ：②，カ：⑦】

| 問 1 | 「電気通信主任技術者の選任等」 | 【H31-1　問2 (1)】 ☑☑☑ |

　次の(i)〜(iii)の文章は，電気通信主任技術者規則の「電気通信主任技術者の選任等」に規定する，事業用電気通信設備の事故発生時の従事者への指揮及び命令並びに事故の収束後の再発防止に向けた計画の策定に関して含むべき事項について述べたものである．同規則の規定に照らして，　　　　内の（ア），（イ）に最も適したものを，下記の解答群から選び，その番号を記せ．

(ⅰ)　速やかな故障検知及び故障箇所の特定のために必要な対応に関する事項

(ⅱ)　定型的な応急復旧措置に係る取組並びに　　(ア)　　及び接続事業者との連携に関する事項

(ⅲ)　　　(イ)　　のための対策に関する事項

〈（ア），（イ）の解答群〉
① 適正な設備容量の確保　② 保守業者　③ セキュリティ管理
④ 障害の極小化　⑤ 保守部門　⑥ 工事業者
⑦ 影響を与えた利用者　⑧ 広報部門　⑨ 製造業者等
⑩ ソフトウェアのリスク分析

■ 参照するポイント

（電気通信主任技術者の選任等）

超重要! 第三条　法第四十五条第一項の規定による電気通信主任技術者の選任は，次に掲げるところによるものとする．

　　一　次の表の上欄に掲げる事業用電気通信設備を直接に管理する事業場ごとに，それぞれ当該事業場に常に勤務する者であつて，同表の下欄に掲げるもののうちから行うこと．

| イ　事業用電気通信設備（線路設備及びこれに附属する設備を除く.） | 伝送交換主任技術者資格者証の交付を受けている者 |

ロ　線路設備及びこれに附属する設備	線路主任技術者資格者証の交付を受けている者

二　業務区域が一の都道府県の区域を超える電気通信事業者にあつては，前号の規定によるほか，事業用電気通信設備を設置する都道府県ごとに，前号の表の上欄に掲げる事業用電気通信設備の種別に応じ，それぞれ当該都道府県に常に勤務する者であつて，同表の下欄に掲げるもののうちから行うこと．

（途中，省略）

覚えよう！
第1項第二号も出題されています．第一号とともに内容をを覚えておきましょう．

4　法第四十五条第一項の総務省令で定める事業用電気通信設備の工事，維持及び運用に関する事項は，次のとおりとする．

覚えよう！
第4項は，第一号，第二号に記載されている内容を覚えておきましょう．

一　事業用電気通信設備の工事，維持及び運用に関する業務の計画の立案並びにその計画に基づく業務の**適切な実施**に関する事項（次に掲げる事項を含む．）

イ　工事の実施体制（工事の実施者及び設備の運用者による確認を含む．）及び工事の手順に関する事項

ロ　運転又は操作の運用の監視に係る方針，体制及び方法に関する事項

ハ　定期的なソフトウェアのリスク分析及び更新に関する事項

ニ　適正な設備容量の確保に関する事項

二　事業用電気通信設備の事故発生時の従事者への**指揮及び命令**並びに事故の収束後の再発防止に向けた計画の策定に関する事項（次に掲げる事項を含む．）

イ　速やかな故障検知及び**故障箇所の特定**のために必要な対応に関する事項

ロ　定型的な応急復旧措置に係る取組並びに**製造業者等及び接続事業者**との連携に関する事項

ハ　**障害の極小化**のための対策に関する事項

三　前二号に掲げるもののほか，事業用電気通信設備の工事，維持及び運用に関し必要と認められる事項（次に掲げる事項を含む．）

イ　選任された事業場における事業用電気通信設備の工事，維持及び運用

を行う者に対する教育及び訓練の計画の立案及び実施に関する事項

ロ　日常の監督業務を通じた管理規程の実施状況の把握及び見直しに関する事項

■■**解説**

設問で示されている説明文(i)〜(iii)は，電気通信主任技術者規則の第3条第4項第二号のイ〜ハにそれぞれ対応します．

条文と設問を照らし合わせると，穴埋め箇所には次の言葉が入ることがわかります．

（ア）→　製造業者等

（イ）→　障害の極小化

よって，正解は　(ア)⑨，(イ)④となります．

【解答　ア：⑨，イ：④】

問2	「講習の期間」	【R03-1　問2 (1)】 ☑☑☑

次の文章は，電気通信主任技術者規則の「講習の期間」に規定する，電気通信事業者が電気通信主任技術者を選任した日から1年以内に講習を受けさせなくてもよい場合について述べたものである．□□□□□の（ア），（イ）に最も適したものを，下記の解答群から選び，その番号を記せ．ただし，□□□□□内の同じ記号は，同じ解答を示す．

なお，文章中にある講習とは，事業用電気通信設備の工事，維持及び運用に関する事項の監督に関し登録講習機関が行う講習をいう．

電気通信事業者は，電気通信主任技術者資格者証の交付を受けた日から□(ア)□を経過しない者（講習の修了証の交付を受けた日から□(ア)□経過しない者を除く．）を電気通信主任技術者に選任したときは，その電気通信主任技術者資格者証の種類に応じ，当該電気通信主任技術者に電気通信主任技術者資格者証の交付を受けた日から□(イ)□以内に講習を受けさせなければならない．

〈（ア），（イ）の解答群〉

① 6月 ② 1年 ③ 2年 ④ 3年 ⑤ 4年

参照するポイント

（講習の期間）

重要！ 第四十三条の三　電気通信事業者は，法第四十九条第四項の規定により電気通信主任技術者を選任したときは，その電気通信主任技術者資格者証の種類に応じ，

> **H 覚えよう！**
> 講習を受けなければならない条件を覚えておきましょう．

当該電気通信主任技術者に選任した日から一年以内に事業用電気通信設備の工事，維持及び運用に関する事項の監督に関し登録講習機関が行う講習（以下この条において「講習」という．）を受けさせなければならない．ただし，当該電気通信主任技術者が，次の各号のいずれかに該当する者である場合は，この限りでない．

　　一　**電気通信主任技術者資格者証の交付を受けた日から二年を経過しない者**（次号に該当する者を除く．）

　　二　**講習の修了証の交付を受けた日から二年を経過しない者**

2　電気通信事業者は，前項第一号に該当する者を電気通信主任技術者に選任したときは，その電気通信主任技術者資格者証の種類に応じ，当該電気通信主任技術者に電気通信主任技術者資格者証の交付を受けた日から**三年以内**に講習を受けさせなければならない．

3　電気通信事業者は，電気通信主任技術者資格者証の種類に応じ講習を受けた電気通信主任技術者に，その講習の行われた日の属する月の**翌月の一日から起算して三年以内**に講習を受けさせなければならない．

（以下，省略）

解説

　設問で示されている説明文は，電気通信主任技術者規則の第43条の3（「講習の期間」）の内容です．

　条文と設問を照らし合わせると，穴埋め箇所には次の言葉が入ることがわかります．

　（ア）→　2年

　（イ）→　3年

よって，正解は （ア）③，（イ）④となります．

【解答　ア：③，イ：④】

問3 「選任等の届出」　　　　　　　　　　　【R04-1　問2 (1)】 ☑☑☑

　電気通信主任技術者規則に規定する「選任等の届出」，「電気通信主任技術者の選任等」又は「講習の期間」について述べた次の文章のうち，正しいものは，　（ア）　である．

〈（ア）の解答群〉
① 　電気通信事業法の規定による電気通信主任技術者の選任又は解任の届出をしようとする者は，別に定める様式の電気通信主任技術者選任又は解任届出書を事業場が所在する都道府県知事を経由して総務大臣に提出しなければならない．
② 　電気通信事業法の規定による電気通信主任技術者の選任は，事業用電気通信設備（線路設備及びこれに附属する設備を除く．）については，これを直接に管理する事業場ごとに，それぞれ当該事業場に常に勤務する者であって，伝送交換主任技術者資格者証の交付を受けている者のうちから行うものとする．
③ 　電気通信主任技術者に監督させる工事，維持及び運用に関する事項の一つとして，事業用電気通信設備の事故発生時の従事者への指揮及び命令並びに事故の収束後の影響利用者への対応に向けた計画の策定に関する事項がある．
④ 　電気通信事業者は，電気通信主任技術者資格者証の種類に応じ講習を受けた電気通信主任技術者に，その講習の行われた日の属する月の翌月の1日から起算して2年以内に講習を受けさせなければならない．

■参照するポイント■

（選任等の届出）
第四条　法第四十五条第二項の規定による届出をしようとする者は，別表第一号様式の**電気通信主任技術者選任又は解任届出書を総務大臣に提出**しなければならない．

■**解説**

　設問にある①から④の各説明は，①：第4条（「選任等の届出」），②から③：第3条（「電気通信主任技術者の選任等」），④：第43条の3（「講習の期間」），にそれぞれ対応します．

　設問で示されている説明文と比較すると次のようになります．

① 　第4条から，以下の文面が異なります．

　　条文：…電気通信主任技術者選任又は解任届出書を**総務大臣に提出**しなければならない．

　　設問：…電気通信主任技術者選任又は解任届出書を**事業場が所在する都道府県知事を経由して総務大臣に提出**しなければならない．

② 　第3条第1項第一号に示される内容と一致しています．

③ 　第3条第4項第二号から，以下の文面が異なります．

　　条文：事業用電気通信設備の事故発生時の従事者への指揮及び命令並びに事故の収束後の**再発防止**に向けた計画の策定に関する事項

　　設問：…，事業用電気通信設備の事故発生時の従事者への指揮及び命令並びに事故の収束後の**影響利用者への対応**に向けた計画の策定に関する事項…

④ 　第43条の3第3項から，以下の文面が異なります．

　　条文：…翌月の一日から起算して**三年以内**に講習を受けさせなければならない．

　　設問：…翌月の1日から起算して**2年以内**に講習を受けさせなければならない．

　よって，正解は　(ア)　②です．

【解答　②】

問1	「定義」	【R02-2 問3 (1)】 ☑☑☑

　事業用電気通信設備規則に規定する用語について述べた次の文章のうち，誤っているものは，　(ア)　である

〈(ア) の解答群〉

①　インターネットプロトコル電話用設備とは，事業用電気通信設備のうち，端末設備等をインターネットプロトコルを使用してパケット交換網に接続するもの（携帯電話用設備を除く.）であって，音声伝送役務の提供の用に供するものをいう.

②　2線式アナログ電話用設備とは，アナログ電話用設備のうち，事業用電気通信設備と端末設備等を接続する点において2線式の接続形式を有するものをいう.

③　音声伝送役務とは，おおむね4キロヘルツ帯域の音声その他の音響を伝送交換する機能を有する電気通信設備を他人の通信の用に供する電気通信役務であって専用役務以外のものをいう.

④　絶対レベルとは，一の皮相電力の1ミリワットに対する比をデシベルで表したものをいう.

▰▰▰ 参照するポイント ▰▰▰

（定義）

超重要!第三条　この規則において使用する用語は，法において使用する用語の例による.

2　この規則の規定の解釈については，次の定義に従うものとする.

　一　「音声伝送役務」とは，電気通信事業法施行規則（昭和六十年郵政省令第二十五号）第二条第二項第一号に規定する音声伝送役務をいう.

　二　「専用役務」とは，電気通信事業法施行規則第二条第二項第三号に規定する専用役務をいう.

> **覚えよう！**
> 各用語の内容を覚えておきましょう.
> また，第35条にある「基礎トラヒック」の定義も覚えておきましょう.

三 「アナログ電話用設備」とは，事業用電気通信設備のうち，端末設備又は
自営電気通信設備（以下「端末設備等」という．）を接続する点において
アナログ信号を入出力するものであつて，主として音声の伝送交換を目的
とする電気通信役務の提供の用に供するものをいう．

四 「二線式アナログ電話用設備」とは，アナログ電話用設備のうち，**事業用
電気通信設備と端末設備等を接続する点において二線式の接続形式を有す
るものをいう．**

四の二 「メタルインターネットプロトコル電話用設備」とは，二線式アナロ
グ電話用設備のうち，他の電気通信事業者の電気通信設備を接続する点に
おいてインターネットプロトコルを使用するもの（次号に規定するものを
除く．）をいう．

四の三 「ワイヤレス固定電話用設備」とは，二線式アナログ電話用設備のう
ち，適格電気通信事業者が基礎的電気通信役務を提供する電気通信事業の
用に供する電気通信設備であつて，その伝送路設備の一部に他の電気通信
事業者が設置する携帯電話用設備を用いるものをいう．

五 「総合デジタル通信用設備」とは，事業用電気通信設備のうち，主として
六四キロビット毎秒を単位とするデジタル信号の伝送速度により，符号，
音声その他の音響又は影像を統合して伝送交換することを目的とする電気
通信役務の提供の用に供するものをいう．

五の二 「インターネットプロトコルを用いた総合デジタル通信用設備」とは，
総合デジタル通信用設備のうち，他の電気通信事業者の電気通信設備を接
続する点においてインターネットプロトコルを使用するものをいう．

六 「インターネットプロトコル電話用設備」とは，**事業用電気通信設備のう
ち，端末設備等をインターネットプロトコルを使用してパケット交換網に
接続するもの（次号に規定するものを除く．）であつて，音声伝送役務の
提供の用に供するものをいう．**

七 「携帯電話用設備」とは，事業用電気通信設備のうち，無線設備規則（昭
和二十五年電波監理委員会規則第十八号）第三条第一号に規定する携帯無
線通信による電気通信役務の提供の用に供するものをいう．

八 「PHS 用設備」とは，事業用電気通信設備のうち，電波法施行規則（昭和
二十五年電波監理委員会規則第十四号）第六条第四項第六号に規定する
PHS の陸上移動局との間で行われる無線通信による電気通信役務の提供

の用に供するものをいう.

九　「アナログ電話用設備等」とは，アナログ電話用設備，総合デジタル通信用設備（音声伝送役務の提供の用に供するものに限る.），電気通信番号規則（令和元年総務省令第四号）別表第一号に掲げる固定電話番号を使用して電気通信役務を提供するインターネットプロトコル電話用設備，携帯電話用設備及び PHS 用設備をいう.

十　「特定端末設備」とは，自らの電気通信事業の用に供する端末設備であつて事業用電気通信設備であるもののうち，自ら設置する電気通信回線設備の一端に接続されるものをいう.

十一　「直流回路」とは，電気通信回線設備に接続して電気通信事業者の交換設備の動作の開始及び終了の制御を行うための回路をいう.

十二　「絶対レベル」とは，一の皮相電力の一ミリワットに対する比をデシベルで表したものをいう.

十三　「固定電話接続用設備」とは，事業用電気通信設備（メタルインターネットプロトコル電話用設備，ワイヤレス固定電話用設備，インターネットプロトコルを用いた総合デジタル通信用設備及び電気通信番号規則別表第一号に掲げる固定電話番号を使用して電気通信役務を提供するインターネットプロトコル電話用設備に限る.）であつて，他の電気通信事業者の電気通信設備（メタルインターネットプロトコル電話用設備，ワイヤレス固定電話用設備，インターネットプロトコルを用いた総合デジタル通信用設備及び電気通信番号規則別表第一号に掲げる固定電話番号を使用して電気通信役務を提供するインターネットプロトコル電話用設備に限る.）との接続を行うために設置される電気通信設備の機器（専ら特定の一の者の電気通信設備との接続を行うために設置されるものを除く.）と同一の構内に設置されるものをいう.

解説

同法で使用される用語の定義は，事業用電気通信設備規則の第3条に記されています. 設問で示されている用語の説明と比較すると次のようになります.

①　第3条第2項第六号に示す内容と一致しています.

②　第3条第2項第四号に示す内容と一致しています.

③　第3条第2項第一号では，音声伝送役務の用語の定義を電気通信事業法

施行規則の第2条第2項第一号（P4参照）と同じであることが示されています．その内容と比較すると，以下の文面が異なります．

条文：…他人の通信の用に供する電気通信役務であつて**データ伝送役務以外**のもの

設問：…他人の通信の用に供する電気通信役務であって**専用役務以外**のもの

④ 第3条第2項第十二号に示す内容と一致しています．

よって，正解は ___(ア) ③___です．

【解答 ③】

問2	アナログ電話用設備等の「予備機器等」	【R02-2 問3 (2)】 □□□

電気通信回線設備を設置する電気通信事業者の電気通信事業の用に供する電気通信設備の損壊又は故障の対策におけるアナログ電話用設備等の「予備機器等」について述べた次のA〜Cの文章は，___(イ)___．ただし，適用除外規定は考慮しないものとする．

A 通信路の設定に直接係る交換設備の機器は，その機能を代替することができる予備の機器の設置若しくは配備の措置又はこれに準ずる措置が講じられ，かつ，その損壊又は故障（以下「故障等」という．）の発生時に当該予備の機器に速やかに切り替えられるようにしなければならない．ただし，端末回線（端末設備等と交換設備との間の電気通信回線をいう．）を当該交換設備に接続するための機器及び当該交換設備の故障等の発生時に，他の交換設備によりその疎通が確保できる交換設備の機器については，この限りでない．

B 伝送路設備には，予備の電気通信回線を設置しなければならない．ただし，端末回線その他不特定かつ多数の者の通信を取り扱う区間に使用するものは，この限りでない．

C 交換設備相互間を接続する伝送路設備は，複数の経路により設置されなければならない．ただし，地形の状況により複数の経路の設置が困難な場合又は伝送路設備の故障等の対策として複数の経路による設置と同等以上の効果を有する措置が講じられる場合は，この限りでな

い.

〈(イ)の解答群〉
① Aのみ正しい　② Bのみ正しい　③ Cのみ正しい
④ A, Bが正しい　⑤ A, Cが正しい　⑥ B, Cが正しい
⑦ A, B, Cいずれも正しい　　⑧ A, B, Cいずれも正しくない

参照するポイント

（予備機器等）

重要！ 第四条　通信路の設定に直接係る交換設備の機器は，その機能を代替することができる予備の機器の設置若しくは配備の措置又はこれに準ずる措置が講じられ，かつ，その損壊又は故障（以下「故障等」という．）の発生時に当該予備の機器に速やかに切り替えられるようにしなければならない．ただし，次の各号に掲げる機器については，この限りでない．

　　一　端末回線（端末設備等と交換設備との間の電気通信回線をいう．以下同じ．）**を当該交換設備に接続するための機器**

　　二　当該交換設備の故障等の発生時に，他の交換設備によりその疎通が確保できる交換設備の機器

２　伝送路設備には，予備の電気通信回線を設置しなければならない．ただし，次の各号に掲げるものについては，この限りでない．

　　一　**端末回線その他専ら特定の一の者の通信を取り扱う区間に使用するもの**

　　二　当該伝送路設備の故障等の発生時に，他の伝送路設備によりその疎通が確保できるもの

３　**伝送路設備において当該伝送路設備に設けられた電気通信回線に共通に使用される機器は，その機能を代替することができる予備の機器の設置若しくは配備の措置又はこれに準ずる措置が講じられ，かつ，その故障等の発生時に当該予備の機器に速やかに切り替えられるようにしなければならない．**

４　**交換設備相互間を接続する伝送路設備は，複数の経路により設置されなければならない．ただし，地形の状況により複数の経路の設置が困難な場合又は伝送路設備の故障等の対策として複数の経路による設置と同等以上の効果を有する措置が講じられる場合は，この限りでない．**

　　（以下，省略）

解説

設問にあるAからCの各説明は，事業用電気通信設備規則の第4条（「予備機器等」）の内容であり，A：第4条第1項，B：第4条第2項第一号，C：第4条第4項にそれぞれ対応します．

設問で示されている用語の説明と比較すると次のようになります．

A　第4条第1項に示される内容と一致しています．

B　第4条第2項第一号から，以下の文面が異なります．

条文：端末回線その他**専ら特定の一の者**の通信を取り扱う区間に使用するもの

設問：…ただし，端末回線その他**不特定かつ多数の者**の通信を取り扱う区間に使用するものは，この限りでない．

C　第4条第4項に示される内容と一致しています．

よって，AとCが正しいため，正解は　(イ)　⑤です．

【解答　⑤】

| 問3 | アナログ電話用設備等の「故障検出」「誘導対策」「異常ふくそう対策等」「事業用電気通信設備を設置する建築物等」 | 【R03-2　問3（4）】☑☑☑ |

電気通信回線設備を設置する電気通信事業者の電気通信事業の用に供する電気通信設備の損壊又は故障の対策におけるアナログ電話用設備等の「故障検出」，「誘導対策」，「異常ふくそう対策等」又は「事業用電気通信設備を設置する建築物等」について述べた次の文章のうち，正しいものは，　(オ)　である．ただし，適用除外規定は考慮しないものとする．

〈(オ) の解答群〉

① 　事業用電気通信設備は，電源停止，共通制御機器の動作停止その他電気通信役務の提供に直接係る機能に重大な支障を及ぼす故障等の発生時には，これを直ちに検出し，記録する機能を備えなければならない．

② 　線路設備は，強電流電線からの静電誘導作用により事業用電気通信設備の機能に重大な支障を及ぼすおそれのある異常電圧又は異常電流が発生しないように設置しなければならない．

③ 交換設備は，異常ふくそう（特定の交換設備に対し通信が集中することにより，交換設備の通信の疎通能力が継続して著しく低下する現象をいう．）が発生した場合に，これを検出し，かつ，通信の集中を規制する機能又はこれと同等の機能を有するものでなければならない．ただし，通信が同時に集中することがないようこれを制御することができる交換設備については，この限りでない．

④ 事業用電気通信設備を収容し，又は設置する建築物及びコンテナ等は，当該事業用電気通信設備を安全に設置することができる堅固で絶縁性に優れ，特別保安接地を施した電気的遮へい層を有する隔壁で保護されているものでなければならない．

■参照するポイント■

（故障検出）

超重要! 第五条 事業用電気通信設備は，電源停止，共通制御機器の動作停止その他電気通信役務の提供に直接係る機能に重大な支障を及ぼす故障等の発生時には，これを直ちに検出し，**当該事業用電気通信設備を維持し，又は運用する者に通知する機能**を備えなければならない．

（異常ふくそう対策等）

超重要! 第八条 交換設備は，**異常ふくそう**（特定の交換設備に対し通信が集中することにより，交換設備の通信の**疎通能力が継続して著しく低下する現象をいう．以下同じ．**）が発生した場合に，これを検出し，かつ，**通信の集中を規制する機能又はこれと同等の機能を有するものでなければならない．**ただし，通信が同時に集中することがないようこれを制御することができる交換設備については，この限りでない．

H 覚えよう！
「異常ふくそう」の言葉の定義を覚えましょう．

（誘導対策）

重要! 第十二条 線路設備は，**強電流電線からの電磁誘導作用により事業用電気通信設備の機能に重大な支障を及ぼすおそれのある異常電圧又は異常電流が発生しないように設置しなければならない．**

(事業用電気通信設備を設置する建築物等)

第十五条　事業用電気通信設備を収容し，又は設置する建築物及びコンテナ等は，次の各号に適合するものでなければならない．ただし，第一号にあつては，やむを得ず同号に規定する被害を受けやすい環境に設置されたものであつて，防水壁又は防火壁の設置その他の必要な防護措置が講じられているものは，この限りでない．

一　**風水害その他の自然災害及び火災の被害を容易に受けない環境に設置され**たものであること．

二　当該事業用電気通信設備を**安全に設置することができる堅固で耐久性に富**むものであること．

三　当該事業用電気通信設備が**安定に動作する温度及び湿度を維持すること**ができること．

四　当該事業用電気通信設備を**収容し，又は設置する通信機械室**に，**公衆が容易に立ち入り，又は公衆が容易に事業用電気通信設備に触れることができないよう施錠その他必要な措置が講じられていること**．

解説

　設問にある①から④の各説明は，①：第5条（「故障検出」），②：第12条（「誘導対策」），③：第8条（「異常ふくそう対策等」），④：第15条（「事業用電気通信設備を設置する建築物等」），にそれぞれ対応します．

　設問で示されている説明文と比較すると次のようになります．

①　第5条から，以下の文面が異なります．

　　条文：…これを直ちに検出し，**当該事業用電気通信設備を維持し，又は運用する者に通知**する機能を備えなければならない．

　　設問：…これを直ちに検出し，**記録**する機能を備えなければならない．

②　第12条から，以下の文面が異なります．

　　条文：線路設備は，強電流電線からの**電磁誘導作用**により…

　　設問：線路設備は，強電流電線からの**静電誘導作用**により…

③　第8条に示される内容と一致しています．

④　第15条第二号から，以下の文面が異なります．

　　条文：当該事業用電気通信設備を安全に設置することができる堅固で**耐久性に富む**ものであること．

設問：…当該事業用電気通信設備を安全に設置することができる堅固で**絶縁性に優れ，特別保安接地を施した電気的遮へい層を有する隔壁で保護さ**れているもの…

よって，正解は__(オ)③__です．

【解答　③】

問4	アナログ電話用設備等の「事業用電気通信設備の防護措置」「試験機器及び応急復旧機材の配備」	【R03-1　問3 (2)】 ☑☑☑

　電気通信回線設備を設置する電気通信事業者の電気通信事業の用に供する電気通信設備の損壊又は故障の対策におけるアナログ電話用設備等の「試験機器及び応急復旧機材の配備」及び「事業用電気通信設備の防護措置」について述べた次のA～Cの文章は，　(イ)　．

A　事業用電気通信設備の工事，維持又は運用を行う事業場には，当該事業用電気通信設備の故障等が発生した場合における応急措置を実施できる技術を有する者の配置の措置がなされていなければならない．

B　事業用電気通信設備の工事，維持又は運用を行う事業場には，当該事業用電気通信設備の点検及び検査に必要な試験機器の配備又はこれに準ずる措置がなされていなければならない．

C　事業用電気通信設備は，利用者又は他の電気通信事業者の電気通信設備から受信したプログラムによって当該事業用電気通信設備が当該事業用電気通信設備を設置する電気通信事業者の意図に反する動作を行うことその他の事由により電気通信役務の提供に重大な支障を及ぼすことがないよう当該プログラムの機能の制限その他の必要な防護措置が講じられなければならない．

〈(イ) の解答群〉
① Aのみ正しい　② Bのみ正しい　③ Cのみ正しい
④ A，Bが正しい　⑤ A，Cが正しい　⑥ B，Cが正しい
⑦ A，B，Cいずれも正しい　　⑧ A，B，Cいずれも正しくない

■■■ **参照するポイント** ■■■

（事業用電気通信設備の防護措置）

重要❗ 第六条　事業用電気通信設備は，利用者又は他の電気通信事業者の電気通信設備から**受信したプログラムによつて**当該事業用電気通信設備が当該事業用電気通信設備を設置する電気通信事業者の意図に反する動作を行うことその他の事由により**電気通信役務の提供に重大な支障を及ぼすことがないよう**当該プログラムの機能の制限その他の必要な防護措置が講じられなければならない．

（試験機器及び応急復旧機材の配備）

重要❗ 第七条　事業用電気通信設備の工事，維持又は運用を行う事業場には，**当該事業用電気通信設備の点検及び検査に必要な試験機器の配備**又はこれに準ずる措置がなされていなければならない．

2　事業用電気通信設備の工事，維持又は運用を行う事業場には，当該事業用電気通信設備の故障等が発生した場合における**応急復旧工事，臨時の電気通信回線の設置，電力の供給その他の応急復旧措置を行うために必要な機材の配備又はこれに準ずる**措置がなされていなければならない．

■■■ **解説** ■■■

　設問にあるＡからＣの各説明は，事業用電気通信設備規則の第6条（「事業用電気通信設備の防護措置」）と第7条（「試験機器及び応急復旧機材の配備」）の内容であり，Ａ：第7条第2項，Ｂ：第7条第1項，Ｃ：第6条にそれぞれ対応します．

　設問で示されている用語の説明と比較すると次のようになります．

Ａ　第7条第2項から，以下の文面が異なります．

条文：…当該事業用電気通信設備の故障等が発生した場合における**応急復旧工事，臨時の電気通信回線の設置，電力の供給その他の応急復旧措置を行うために必要な機材の配備又はこれに準ずる**措置がなされていなければならない．

設問：…当該事業用電気通信設備の故障等が発生した場合における**応急措置を実施できる技術を有する者の配置の措置**がなされていなければならない．

Ｂ　第7条第1項に示される内容と一致しています．

C　第6条に示される内容と一致しています.

よって，BとCが正しいため，正解は（イ）⑥です.

【解答　⑥】

| 問5 | アナログ電話用設備等の「耐震対策」「停電対策」「誘導対策」「防火対策等」 | 【R03-1　問3（4）】 □□□ |

電気通信回線設備を設置する電気通信事業者の電気通信事業の用に供する電気通信設備の損壊又は故障の対策におけるアナログ電話用設備等の「誘導対策」，「防火対策等」，「耐震対策」又は「停電対策」について述べた次の文章のうち，正しいものは，　（オ）　である．ただし，適用除外規定は考慮しないものとする.

〈（オ）の解答群〉

①　線路設備は，雷サージからの電磁誘導作用により事業用電気通信設備の機能に重大な支障を及ぼすおそれのある異常電圧又は異常電流が発生しないように設置しなければならない.

②　事業用電気通信設備を収容し，又は設置し，かつ，当該事業用電気通信設備を工事，維持又は運用する者が立ち入る通信機械室に代わるコンテナ等の構造物及びとう道は，避難設備の設置及び消火設備の設置その他これに準ずる措置が講じられたものでなければならない.

③　事業用電気通信設備は，通常想定される規模の地震による構成部品の接触不良及び脱落を防止するため，構成部品の固定その他の耐震措置が講じられたものでなければならない.

④　事業用電気通信設備は，通常受けている電力の供給が停止した場合においてその取り扱う通信が停止することのないよう自家用発電機及び蓄電池の設置その他これに準ずる措置が講じられていなければならない．この場合において，事業用電気通信設備のうち交換設備にあっては，自家用発電機はその機能を代替することができる予備機器の設置が講じられていなければならない.

■ **参照するポイント** ■

（耐震対策）

重要！ 第九条 事業用電気通信設備の据付けに当たつては，**通常想定される規模の地震による転倒又は移動を防止するため**，床への緊結その他の耐震措置が講じられなければならない．

 2 事業用電気通信設備は，通常想定される規模の地震による構成部品の接触不良及び脱落を防止するため，**構成部品の固定その他の耐震措置が講じられたものでなければならない．**

 （以下，省略）

（停電対策）

重要！ 第十一条 事業用電気通信設備は，通常受けている電力の供給が停止した場合においてその取り扱う通信が停止することのないよう**自家用発電機又は蓄電池の設置その他これに準ずる措置**（交換設備にあつては，自家用発電機及び蓄電池の設置その他これに準ずる措置．第四項において同じ．）が講じられていなければならない．

 （以下，省略）

（誘導対策）

重要！ 第十二条 **線路設備は，強電流電線からの電磁誘導作用により**事業用電気通信設備の機能に重大な支障を及ぼすおそれのある異常電圧又は異常電流が発生しないように設置しなければならない．

（防火対策等）

超重要！ 第十三条 事業用電気通信設備を収容し，又は設置する通信機械室は，**自動火災報知設備及び消火設備が適切に設置されたものでなければならない．**

覚えよう！
第13条第2項の内容も出題されています．

 2 事業用電気通信設備を収容し，又は設置し，かつ，当該事業用電気通信設備を工事，維持又は運用する者が立ち入る通信機械室に代わるコンテナ等の構造物（以下「コンテナ等」という．）及びとう道は，自動火災報知設備の設置及び消火設備の設置その他これに準ずる措置が講じられたものでなければならない．

（以下，省略）

設問にある①から④の各説明は，①：第12条（「誘導対策」），②：第13条（「防火対策等」），③：第9条（「耐震対策」），④：第11条（「停電対策」），にそれぞれ対応します．

設問で示されている説明文と比較すると次のようになります．

① 第12条から，以下の文面が異なります．

条文：線路設備は，**強電流電線**からの電磁誘導作用により…

設問：線路設備は，**雷サージ**からの電磁誘導作用により…

② 第13条第2項から，以下の文面が異なります．

条文：…及びとう道は，**自動火災報知設備**の設置及び消火設備の設置…

設問：…及びとう道は，**避難設備**の設置及び消火設備の設置…

③ 第9条に示される内容と一致しています．

④ 第11条から，以下の文面が異なります．

条文：…通信が停止することのないよう自家用発電機**又は**蓄電池の設置その他これに準ずる措置…

設問：…通信が停止することのないよう自家用発電機**及び**蓄電池の設置その他これに準ずる措置…

よって，正解は　(オ)　③です．

【解答　③】

| 問6 | アナログ電話用設備等の「電源設備」 | 【R02-2　問3 (5)】 ☑☑☑ |

電気通信回線設備を設置する電気通信事業者の電気通信事業の用に供する電気通信設備の損壊又は故障の対策におけるアナログ電話用設備等の「電源設備」及び「停電対策」について述べた次のA～Cの文章は，　(カ)　．ただし，適用除外規定は考慮しないものとする．

A　事業用電気通信設備の電源設備は，最繁忙時（年間のうち電気通信設備の負荷が最大となる連続した1時間をいう．）に事業用電気通信設備の消費電流を安定的に供給できる容量があり，かつ，電源設備の動

作電圧を変動許容範囲内に維持できるものでなければならない.

B 事業用電気通信設備の電力の供給に直接係る電源設備の機器（自家用発電機及び蓄電池を除く.）は，その機能を代替することができる予備の機器の設置若しくは配備の措置又はこれに準ずる措置が講じられ，かつ，その故障等の発生時に当該予備の機器に速やかに切り替えられるようにしなければならない.

C 事業用電気通信設備は，通常受けている電力の供給が停止した場合においてその取り扱う通信が停止することのないよう自家用発電機又は蓄電池の設置その他これに準ずる措置（交換設備にあっては，自家用発電機及び蓄電池の設置その他これに準ずる措置.）が講じられていなければならない.

〈（カ）の解答群〉
① Aのみ正しい　② Bのみ正しい　③ Cのみ正しい
④ A，Bが正しい　⑤ A，Cが正しい　⑥ B，Cが正しい
⑦ A，B，Cいずれも正しい　　⑧ A，B，Cいずれも正しくない

▨ 参照するポイント

（電源設備）

重要! 第十条　事業用電気通信設備の電源設備は，**平均繁忙時（一日のうち年間を平均して電気通信設備の負荷が最大となる連続した一時間をいう. 以下同じ.）**に事業用電気通信設備の**消費電流を安定的に供給できる容量**があり，かつ，**供給電圧又は供給電流を常に事業用電気通信設備の動作電圧又は動作電流の変動許容範囲内に維持**できるものでなければならない.

> **覚えよう！**
> 「平均繁忙時」は，用語の定義としてもよく出題されます.

2 事業用電気通信設備の電力の供給に直接係る電源設備の機器（自家用発電機及び蓄電池を除く.）は，その機能を代替することができる予備の機器の設置若しくは配備の措置又はこれに準ずる措置が講じられ，かつ，その故障等の発生時に当該予備の機器に速やかに切り替えられるようにしなければならない.

解説

設問にある A から C の各説明は，事業用電気通信設備規則の第 10 条「電源設備」と第 11 条「停電対策」の内容であり，A：第 10 条第 1 項，B：第 10 条第 2 項，C：第 11 条にそれぞれ対応します．

設問で示されている用語の説明と比較すると次のようになります．

A　第 10 条第 1 項から，以下の文面が異なります．

条文：…**平均繁忙時**（**一日のうち年間を平均して電気通信設備の負荷が最大となる連続した一時間をいう．以下同じ．**）に…，かつ，**供給電圧又は供給電流を常に事業用電気通信設備の動作電圧又は動作電流**の変動許容範囲内に維持できるものでなければならない．

設問：…**最繁忙時**（**年間のうち電気通信設備の負荷が最大となる連続した1時間をいう．**）に…，かつ，**電源設備の動作電圧を**変動許容範囲内に維持できるものでなければならない．

B　第 10 条第 2 項に示される内容と一致しています．

C　第 11 条第 1 項に示される内容と一致しています．

よって，B と C が正しいため，正解は　(カ) ⑥ です．

【解答　⑥】

問 7	アナログ電話用設備等の「屋外設備」	【R 元-2　問 3 (2)】	☑☑☑

次の文章は，電気通信回線設備を設置する電気通信事業者の電気通信事業の用に供する電気通信設備の損壊又は故障の対策におけるアナログ電話用設備等の「屋外設備」について述べたものである．　　　　内の（イ），（ウ）に最も適したものを，下記の解答群から選び，その番号を記せ．ただし，第 16 条の適用除外規定は考慮しないものとする．

　屋外に設置する電線（その中継器を含む．），　 (イ) 　及びこれらの附属設備並びにこれらを支持し又は保蔵するための工作物（建築物及びコンテナ等を除く．）は，通常想定される　 (ウ) 　その他その設置場所における外部環境の影響を容易に受けないものでなければならない．

〈（イ），（ウ）の解答群〉

① 水底線路　　　　　　　　② 空中線
③ 地中線　　　　　　　　　④ 風水害
⑤ ケーブル　　　　　　　　⑥ 気象の変化，振動，衝撃，圧力
⑦ 天災，事変その他の災害　⑧ 規模の地震による転倒又は移動

■ 参照するポイント

（屋外設備）

第十四条　屋外に設置する電線（その中継器を含む．），**空中線**及びこれらの附属設備並びにこれらを支持し又は保蔵するための工作物（次条の建築物及びコンテナ等を除く．次項において「屋外設備」という．）は，通常想定される**気象の変化，振動，衝撃，圧力**その他その設置場所における外部環境の影響を容易に受けないものでなければならない．

2　屋外設備は，公衆が容易にそれに触れることができないように設置されなければならない．

■ 解説

　設問で示されている説明文は，第 14 条（「屋外設備」）に示される条文です．

　条文と設問を照らし合わせると，穴埋め箇所には次の言葉が入ることがわかります．

（イ）→　空中線

（ウ）→　気象の変化，振動，衝撃，圧力

よって，正解は（イ）②，（ウ）⑥となります．

【解答　イ：②，ウ：⑥】

問 8	アナログ電話用設備等の「大規模災害対策」	【R03-2　問 3 (2)】 □□□

　電気通信回線設備を設置する電気通信事業者の電気通信事業の用に供する電気通信設備の損壊又は故障の対策におけるアナログ電話用設備等の「大規模災害対策」について述べた次の A〜C の文章は，　（イ）　である．ただし，適用除外規定は考慮しないものとする．

A 3以上の交換設備をループ状に接続する大規模な伝送路設備は，複数箇所の故障等により広域にわたり通信が停止することのないよう，当該伝送路設備により囲まれる地域を横断する伝送路設備の追加的な設置，臨時の電気通信回線の設置に必要な機材の配備その他の必要な措置を講じること．

B 電気通信役務に係る情報の管理，電気通信役務の制御又は端末設備等の認証等を行うための電気通信設備であって，その故障等により，広域にわたり電気通信役務の提供に重大な支障を及ぼすおそれのあるものは，冗長構成とし分散して設置しないこと．この場合において，一の電気通信設備の故障等の発生時に，他の電気通信設備によりなるべくその機能を代替することができるようにすること．

C 伝送路設備を複数の経路により設置する場合には，互いになるべく離れた場所に設置すること．

〈（イ）の解答群〉

① Aのみ正しい　　② Bのみ正しい　　③ Cのみ正しい

④ A，Bが正しい　⑤ A，Cが正しい　⑥ B，Cが正しい

⑦ A，B，Cいずれも正しい　　　　⑧ A，B，Cいずれも正しくない

■■■参照するポイント■■■

重要!（大規模災害対策）

第十五条の三　電気通信事業者は，大規模な災害により電気通信役務の提供に重大な支障が生じることを防止するため，事業用電気通信設備に関し，あらかじめ次に掲げる措置を講ずるよう努めなければならない．

一　三以上の交換設備をループ状に接続する大規模な伝送路設備は，複数箇所の故障等により広域にわたり通信が停止することのないよう，当該伝送路設備により囲まれる地域を横断する伝送路設備の追加的な設置，臨時の電気通信回線の設置に**必要な機材の配備その他の必要な措置を講じること．**

二　都道府県庁等において防災上必要な通信を確保するために使用されている移動端末設備に接続される基地局と交換設備との間を接続する伝送路設備については，第四条第二項ただし書の規定にかかわらず，予備の電気通信回線を設置すること．この場合において，その伝送路設備は，なるべく複

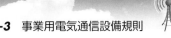

数の経路により設置すること．

　三　電気通信役務に係る情報の管理，電気通信役務の制御又は端末設備等の認証等を行うための電気通信設備であつて，その故障等により，広域にわたり電気通信役務の提供に重大な支障を及ぼすおそれのあるものは，**複数の地域に分散して設置**すること．この場合において，一の電気通信設備の故障等の発生時に，他の電気通信設備によりなるべくその機能を代替することができるようにすること．

　四　伝送路設備を複数の経路により設置する場合には，**互いになるべく離れた場所に設置**すること．

　五　地方公共団体が定める防災に関する計画及び地方公共団体が公表する自然災害の想定に関する情報を考慮し，**電気通信設備の設置場所を決定若しくは変更し，又は適切な防災措置を講じること．**

（以下，省略）

■■ **解説**

　設問にあるＡからＣの各説明は，第15条の3（「大規模災害対策」）の内容であり，Ａ：第15条の3第一号，Ｂ：第15条の3第三号，Ｃ：第15条の3第四号，にそれぞれ対応します．

　設問で示されている説明文と比較すると次のようになります．

　Ａ　第15条の3第一号に示される内容と一致しています．

　Ｂ　第15条の3第三号から，以下の文面が異なります．

　　条文：…重大な支障を及ぼすおそれのあるものは，**複数の地域に分散して設置**すること．…

　　設問：…重大な支障を及ぼすおそれのあるものは，**冗長構成とし分散して設置しないこと**．…

　Ｃ　第15条の3第四号に示される内容と一致しています．

　よって，ＡとＣが正しいため，正解は　(イ)　⑤です．

【解答　⑤】

| 問9 | 「通信内容の秘匿措置」「蓄積情報保護」 | 【R03-1　問3 (5)】 ☑☑☑ |

　電気通信回線設備を設置する電気通信事業者の電気通信事業の用に供する

電気通信設備の秘密の保持における「蓄積情報保護」及び「通信内容の秘匿措置」について述べた次のA〜Cの文章は，　　(カ)　　.

A　事業用電気通信設備（特定端末設備を除く.）に利用者の通信の内容その他これに係る情報を蓄積する場合にあっては，当該事業用電気通信設備は，当該利用者以外の者が端末設備等を用いて容易にその情報を知得し，又は流用することを防止するため，当該利用者のみに与えた呼出符号の照合確認その他の防止措置が講じられなければならない.

B　事業用電気通信設備（特定端末設備を除く.）は，利用者が端末設備等を接続する点において，他の通信の内容が電気通信設備の通常の使用の状態で判読できないように必要な秘匿措置が講じられなければならない.

C　有線放送設備の線路と同一の線路を使用する事業用電気通信設備（電気通信回線設備に限る.）は，電気通信事業者が，有線一般放送の受信設備を接続する点において，通信の内容が有線一般放送の受信設備の通常の使用の状態で判読できないように必要な秘匿措置が講じられなければならない.

〈(カ) の解答群〉
①　Aのみ正しい　　②　Bのみ正しい　　③　Cのみ正しい
④　A，Bが正しい　　⑤　A，Cが正しい　　⑥　B，Cが正しい
⑦　A, B, Cいずれも正しい　　　　⑧　A, B, Cいずれも正しくない

参照するポイント

（通信内容の秘匿措置）

第十七条　事業用電気通信設備（特定端末設備を除く. 以下この節，次節及び第四節において同じ.）は，利用者が端末設備等を接続する点において，他の通信の内容が電気通信設備の**通常の使用の状態**で**判読**できないように必要な秘匿措置が講じられなければならない.

覚えよう！
第17条第1項の内容も覚えましょう.

2　有線放送設備の線路と同一の線路を使用する事業用電気通信設備（電気通信

回線設備に限る.）は，電気通信事業者が，有線一般放送の受信設備を接続する点において，**通信の内容が有線一般放送の受信設備の通常の使用の状態で判読できないように必要な秘匿措置が講じられなければならない.**

（以下，省略）

（蓄積情報保護）

第十八条　事業用電気通信設備に利用者の通信の内容その他これに係る情報を蓄積する場合にあつては，当該事業用電気通信設備は，当該利用者以外の者が端末設備等を用いて**容易に**その情報を**知得**し，又は**破壊することを防止**するため，当該利用者のみに与えた**識別符号の照合確認**その他の防止措置が講じられなければならない.

解説

　設問にある A から C の各説明は，A：第 18 条（「蓄積情報保護」），B から C：第 17 条（「通信内容の秘匿措置」），にそれぞれ対応します.

　設問で示されている説明文と比較すると次のようになります.

　A　第 18 条において，以下の文面が異なります.

　　条文：…又は**破壊**することを防止するため，当該利用者のみに与えた**識別**符号の照合確認その他の防止措置が講じられなければならない.

　　設問：…又は**流用**することを防止するため，当該利用者のみに与えた**呼出**符号の照合確認その他の防止措置が講じられなければならない.

　B　第 17 条第 1 項に示される文面と一致しています.

　C　第 17 条第 2 項に示される文面と一致しています.

　よって，B と C が正しいため，正解は　(カ)　⑥です.

【解答　⑥】

| 問 10 | 「損傷防止」「機能障害の防止」「漏えい対策」「保安装置」 | 【R02-2　問 3（4）】 ☑☑☑ |

　電気通信回線設備を設置する電気通信事業者の他の電気通信設備の損傷又は機能の障害の防止における「損傷防止」，「機能障害の防止」，「漏えい対策」又は「保安装置」について述べた次の文章のうち，正しいものは，

（オ）である．

〈（オ）の解答群〉

① 事業用電気通信設備は，利用者又は他の電気通信事業者の接続する電気通信設備（以下「接続設備」という．）を損傷するおそれのある電力若しくは電流を送出し，又は接続設備を損傷するおそれのある電圧若しくは光出力により送出するものであってはならない．

② 事業用電気通信設備は，接続設備の機能に障害を与えるおそれのある電気信号又は磁気信号を送出するものであってはならない．

③ 電気通信事業者は，総務大臣が別に告示するところに従い特定端末設備又は自営電気通信設備と配線設備との間の電気通信回線に伝送される信号の漏えいに関し，あらかじめ基準を定め，その基準を維持するように努めなければならない．

④ 落雷又は強電流電線との混触により線路設備に発生した異常電圧及び異常電流によって接続設備を損傷するおそれのある場合は，交流200ボルト以下で動作する避雷器及び5アンペア以下で動作するヒューズ若しくは200ミリアンペア以下で動作する熱線輪からなる保安装置又はこれと同等の保安機能を有する装置が事業用電気通信設備と接続設備を接続する点又はその近傍に設置されていなければならない．

■参照するポイント■

（損傷防止）

重要! 第十九条 事業用電気通信設備は，利用者又は他の電気通信事業者の接続する電気通信設備（以下「接続設備」という．）を損傷するおそれのある**電力若しくは電流を送出し，又は接続設備を損傷するおそれのある電圧若しくは光出力により送出するものであつてはならない．**

⚠ **注意しよう！**
第19条から第22条のいずれかをセットにした設問がよく出題されます．条文の提示される順番や注目すべき部分はそれぞれ異なる傾向にありますが，関連させて覚えておくとよいでしょう．

（機能障害の防止）

重要! 第二十条 事業用電気通信設備は，接続設備の機能に障害を与えるおそれのある

電気信号又は光信号を送出するものであつてはならない.

（漏えい対策）

第二十条の二　電気通信事業者は，総務大臣が別に告示するところに従い**特定端末設備又は自営電気通信設備と交換設備又は専用設備**（専用役務の提供の用に供する事業用電気通信設備をいう.）**との間の電気通信回線に伝送される信号の漏えいに関し，あらかじめ基準を定め，その基準を維持するように努めなければならない.

2　電気通信事業者は，前項の基準を定めたときは，遅滞なく，その基準を総務大臣に届け出なければならない. これを変更したときも，同様とする.

（保安装置）

重要！第二十一条　落雷又は強電流電線との混触により線路設備に発生した異常電圧及び異常電流によつて接続設備を損傷するおそれのある場合は，**交流五〇〇ボルト以下で動作する避雷器及び七アンペア以下で動作するヒューズ若しくは五〇〇ミリアンペア以下で動作する熱線輪**からなる保安装置又はこれと同等の保安機能を有する装置が事業用電気通信設備と接続設備を接続する点又はその近傍に設置されていなければならない.

> **覚えよう！**
> 第 21 条は数値にも気をつけましょう.

■ 解説

　設問にある①から④の各説明は，①：第 19 条（「損傷防止」），②：第 20 条（「機能障害の防止」），③：第 20 条の 2（「漏えい対策」），④：第 21 条（「保安装置」），にそれぞれ対応します.

　設問で示されている説明文と比較すると次のようになります.

① 第 19 条に示す内容となるため，一致しています.

② 第 20 条から，以下の文面が異なります.

　　条文：…障害を与えるおそれのある電気信号又は**光信号**を送出するもの…
　　設問：…障害を与えるおそれのある電気信号又は**磁気信号**を送出するもので…

③ 第 20 条の 2 から，以下の文面が異なります.

　　条文：…自営電気通信設備と**交換設備又は専用設備**との間の電気通信回線

に伝送…

設問：…自営電気通信設備と**配線設備**との間の電気通信回線に伝送…

④ 第21条から，以下の文面が異なります．

条文：…，**交流五〇〇ボルト**以下で動作する避雷器及び**七アンペア**以下で動作するヒューズ若しくは**五〇〇ミリアンペア**以下で動作…

設問：…，**交流200ボルト**以下で動作する避雷器及び**5アンペア**以下で動作するヒューズ若しくは**200ミリアンペア**以下で動作…

よって，正解は　(オ) ①です

【解答　①】

問 11	「異常ふくそう対策」	【R04-1　問 4 (2)】 ☑☑☑

　事業用電気通信設備規則に規定する，電気通信回線設備を設置する電気通信事業者の電気通信事業の用に供する電気通信設備の他の電気通信設備の損傷又は機能の障害の防止における「損傷防止」，「機能障害の防止」，「異常ふくそう対策」又は「保安装置」について述べた次の文章のうち，<u>誤っているものは，　(イ)　</u>である

〈(イ) の解答群〉

① 事業用電気通信設備は，利用者又は他の電気通信事業者の接続する電気通信設備（以下「接続設備」という．）を損傷するおそれのある電力若しくは電流を送出し，又は接続設備を損傷するおそれのある電圧若しくは光出力により送出するものであってはならない．

② 事業用電気通信設備は，接続設備の機能に障害を与えるおそれのある電気信号又は磁気信号を送出するものであってはならない．

③ 他の電気通信事業者の電気通信設備を接続する交換設備は，異常ふくそうの発生により当該交換設備が他の電気通信事業者の接続する電気通信設備に対して重大な支障を及ぼすことのないよう，直ちに異常ふくそうの発生を検出し，及び通信の集中を規制する機能又はこれと同等の機能を有するものでなければならない．ただし，通信が集中することがないようこれを制御することができる交換設備についてはこの限りでない．

④　落雷又は強電流電線との混触により線路設備に発生した異常電圧及び異常電流によって接続設備を損傷するおそれのある場合は，交流500ボルト以下で動作する避雷器及び7アンペア以下で動作するヒューズ若しくは500ミリアンペア以下で動作する熱線輪からなる保安装置又はこれと同等の保安機能を有する装置が事業用電気通信設備と接続設備を接続する点又はその近傍に設置されていなければならない．

参照するポイント

（異常ふくそう対策）

第二十二条　他の電気通信事業者の電気通信設備を接続する交換設備は，異常ふくそうの発生により当該交換設備が他の電気通信事業者の接続する電気通信設備に対して重大な支障を及ぼすことのないよう，直ちに異常ふくそうの発生を検出し，及び通信の集中を規制する機能又はこれと同等の機能を有するものでなければならない．ただし，通信が集中することがないようこれを制御することができる交換設備についてはこの限りでない．

解説

　設問にある①から④の各説明は，①：第19条（「損傷防止」），②：第20条（「機能障害の防止」），③：第22条（「異常ふくそう対策」），④：第21条（「保安装置」），にそれぞれ対応します．

　設問で示されている説明文と比較すると次のようになります．

①　第19条に示される内容と一致しています．

②　第20条から，以下の文面が異なります．

　条文：…おそれのある電気信号又は**光**信号を送出するものであつてはならない．

　設問：…おそれのある電気信号又は**磁気**信号を送出するものであってはならない．

③　第22条に示される内容と一致しています．

④　第21条に示される内容と一致しています．

よって，正解は　(イ)　②です．

【解答　②】

　　事業用電気通信設備規則に規定する，電気通信回線設備を設置する電気通信事業者の電気通信事業の用に供する電気通信設備における他の電気通信設備との責任の分界について述べた次のA～Cの文章は，　　（ア）　　．

　A　事業用電気通信設備は，他の電気通信事業者の接続する電気通信設備との責任の分界を明確にするため，他の電気通信事業者の電気通信設備との間に分界点を有しなければならない．

　B　事業用電気通信設備は，分界点において他の電気通信事業者が接続する電気通信設備から切り離せるものでなければならない．

　C　事業用電気通信設備は，分界点において他の電気通信事業者の電気通信設備を切り離し又はこれに準ずる方法により当該事業用電気通信設備の保安装置を切り替えできる措置が講じられていなければならない．

〈（ア）の解答群〉
① Aのみ正しい　　② Bのみ正しい　　③ Cのみ正しい
④ A，Bが正しい　⑤ A，Cが正しい　⑥ B，Cが正しい
⑦ A，B，Cいずれも正しい　　　⑧ A，B，Cいずれも正しくない

■参照するポイント■

（分界点）

(重要!)第二十三条　事業用電気通信設備は，他の電気通信事業者の接続する電気通信設備との**責任の分界を明確に**するため，他の電気通信事業者の電気通信設備との間に分界点（以下この条及び次条において「分界点」という．）を有しなければならない．

⚠ **注意しよう！**
第23条から第24条をセットにした設問がよく出題されます．

　2　事業用電気通信設備は，分界点において他の電気通信事業者が接続する**電気通信設備から切り離せるものでなければならない．**

（機能確認）

(重要!)第二十四条　事業用電気通信設備は，分界点において他の電気通信事業者の電気

通信設備を切り離し又はこれに準ずる方法により当該事業用電気通信設備の**正常性**を確認できる措置が講じられていなければならない.

解説

　設問にある A から C の各説明は，A から B：第 23 条（「分界点」），C：第 24 条（「機能確認」），にそれぞれ対応します.

　設問で示されている説明文と比較すると次のようになります.

A　第 23 条第 1 項に示される文面と一致しています.

B　第 23 条第 2 項に示される文面と一致しています.

C　第 24 条において，以下の文面が異なります.

　　条文：…当該事業用電気通信設備の**正常性を確認**できる措置が講じられていなければならない.

　　設問：…当該事業用電気通信設備の**保安装置を切り替え**できる措置が講じられていなければならない.

　よって，A と B が正しいため，正解は（ア）④です.

【解答　④】

問 13	アナログ電話用設備等の「電源供給」	【R04-1　問 3（3）】 ☑☑☑

　次の文章は，電気通信回線設備を設置する電気通信事業者の電気通信事業の用に供する電気通信設備の音声伝送役務の提供の用に供する電気通信設備におけるアナログ電話用設備の「電源供給」について述べたものである. _____内の（ウ），（エ）に最も適したものを，下記の解答群から選び，その番号を記せ.

　事業用電気通信設備は，監視信号送出条件に係る呼出信号の送出時を除き，端末設備等を接続する点において次の(i)〜(iii)に掲げる条件に適合する通信用電源を供給しなければならない.

（i）　端末設備等を切り離した時の線間電圧が 42 ボルト以上かつ　（ウ）　ボルト以下であること.

（ii）　両線間を 300 オームの純抵抗で終端した時の回路電流が 15 ミリアンペア以上であること.

(iii) 両線間を 50 オームの純抵抗で終端した時の回路電流が (エ) ミリ
アンペア以下であること.

〈(ウ),(エ)の解答群〉
① 53　② 63　③ 73　④ 83
⑤ 110　⑥ 130　⑦ 150　⑧ 170

▰ 参照するポイント ▰

(電源供給)

第二十七条　事業用電気通信設備は,第三十一条第二号に規定する呼出信号の送
出時を除き,端末設備等を接続する点において次の各号に掲げる条件に適合する
通信用電源を供給しなければならない.

一　端末設備等を切り離した時の**線間電圧が四十二ボルト以上かつ五十三ボル
ト以下**であること.

二　両線間を**三〇〇オームの純抵抗で終端した時の回路電流が一五ミリアンペ
ア以上**であること.

三　両線間を**五〇オームの純抵抗で終端した時の回路電流が一三〇ミリアンペ
ア以下**であること.

▰ 解説 ▰

設問で示されている説明文は,第27条(「電源供給」)に示される条文です.

条文と設問を照らし合わせると,穴埋め箇所には次の言葉が入ることがわかり
ます.

(ウ)→　53

(エ)→　130

よって,正解は (ウ) ①,(エ) ⑥ となります.

【解答　ウ:①,エ:⑥】

問 14	アナログ電話用設備等の「信号極性」	【R02-2　問3 (3)】 ☑☑☑

　次の文章は,電気通信回線設備を設置する電気通信事業者の電気通信事業
の用に供する電気通信設備の音声伝送役務の提供の用に供する電気通信設備

におけるアナログ電話用設備の「信号極性」について述べたものである． 内の（ウ），（エ）に最も適したものを，下記の解答群から選び，その番号を記せ．

事業用電気通信設備は，事業用電気通信設備規則に規定する　（ウ）　を受信できる状態において，同規則で規定する電源の極性を端末設備等を接続する点において一方を地気（接地の電位をいう.），他方を　（エ）　としなければならない.

〈（ウ），（エ）の解答群〉
① 終話信号　② 発呼信号　③ 信号と同極性　④ 正極性
⑤ 応答信号　⑥ 着信信号　⑦ 信号と逆極性　⑧ 負極性

参照するポイント

（信号極性）
第二十八条　事業用電気通信設備は，次条第一号に規定する**発呼信号**を受信できる状態において，前条で規定する電源の極性（第三十一条第一号において「信号極性」という.）を端末設備等を接続する点において一方を地気（接地の電位をいう. 以下同じ.），他方を**負極性**としなければならない.

解説

設問で示されている説明文は，第28条（「信号極性」）に示される条文です．
条文と設問を照らし合わせると，穴埋め箇所には次の言葉が入ることがわかります.
（ウ）→　発呼信号
（エ）→　負極性
よって，正解は　(ウ) ②，(エ) ⑧となります.

【解答　ウ：②，エ：⑧】

| 問15 | アナログ電話用設備における「監視信号受信条件」 | 【R03-2　問4（1）】 ☑☑☑ |

事業用電気通信設備規則に規定する，電気通信回線設備を設置する電気通

信事業者の音声伝送役務の提供の用に供する電気通信設備におけるアナログ電話用設備の「監視信号受信条件」で定める監視信号について述べた次の文章のうち，正しいものは，□（ア）□である．

〈（ア）の解答群〉
① 端末設備等から発信を行うため，当該端末設備等の直流回路を閉じて300オーム以下の直流抵抗値を形成することにより送出する監視信号は，起動信号という．
② 端末設備等において当該端末設備等への着信に応答するため，当該端末設備等の直流回路を閉じて300オーム以下の直流抵抗値を形成することにより送出する監視信号は，端末応答信号という．
③ 発信側の端末設備等において通話を終了するため，当該端末設備等の直流回路を開いて1メガオーム以上の直流抵抗値を形成することにより送出する監視信号は，終話信号という．
④ 着信側の端末設備等において通話を終了するため，当該端末設備等の直流回路を開いて1メガオーム以上の直流抵抗値を形成することにより送出する監視信号は，切断信号という．

■参照するポイント■

（監視信号受信条件）

第二十九条 事業用電気通信設備は，端末設備等を接続する点において当該端末設備等が送出する次の監視信号を受信し，かつ，認識できるものでなければならない．

一 端末設備等から発信を行うため，当該端末設備等の**直流回路を閉じて**三〇〇オーム以下の直流抵抗値を形成することにより送出する監視信号（以下「**発呼信号**」という．）

二 端末設備等において当該端末設備等への着信に応答するため，当該端末設備等の直流回路を閉じて三〇〇オーム以下の直流抵抗値を形成することにより送出する監視信号（以下「**端末応答信号**」という．）

三 発信側の端末設備等において通話を終了するため，当該端末設備等の**直流回路を開いて**一メガオーム以上の直流抵抗値を形成することにより送出する監視信号（以下「**切断信号**」という．）

四 着信側の端末設備等において通話を終了するため，当該端末設備等の**直流回路を開いて一メガオーム以上の直流抵抗値を形成することにより送出**する監視信号（以下「**終話信号**」という.）

解説

設問で示されている説明文は，第29条（「監視信号受信条件」）に示される条文です.

条文と設問を照らし合わせて監視信号の内容を確かめます.

① 第29条第一号から，説明文の内容は「起動信号」ではなく「発呼信号」です.

② 第29条第二号に示される文面と一致しています.

③ 第29条第三号から，説明文の内容は「終話信号」ではなく「切断信号」です.

④ 第29条第四号から，説明文の内容は「切断信号」ではなく「終話信号」です.

よって，正解は （ア）②です

【解答 ②】

| 問16 | アナログ電話用設備における「その他の信号送出条件」，「可聴音送出条件」 | 【R03-1 問4（2）】 ☑☑☑ |

事業用電気通信設備規則に規定する，音声伝送役務の提供の用に供する電気通信設備のアナログ電話用設備における，事業用電気通信設備が発信側の端末設備等に対して，同規則で規定する場合にその状態を可聴音により通知するとき，端末設備等を接続する点において送出しなければならない可聴音及びその信号送出形式について述べた次のA〜Cの文章は， （イ） .

A 端末設備等が送出する発呼信号を受信した後，選択信号を受信することが可能となった場合に送出する可聴音を発信音という.

B 接続の要求をされた着信側の端末設備等を呼出し中である場合に送出する可聴音を話中音という.

C　発信音の場合における信号送出形式は，400 ヘルツの周波数の信号を連続送出するものであること．

■参照するポイント■

（その他の信号送出条件）

第三十二条　事業用電気通信設備は，次に掲げる場合は可聴音（耳で聴くことが可能な特定周波数の音をいう．以下同じ．）又は音声によりその状態を発信側の端末設備等に対して通知しなければならない．

　　一　端末設備等が送出する発呼信号を受信した後，選択信号を受信することが可能となつた場合

　　二　接続の要求をされた着信側の端末設備等を呼出し中である場合

　　三　接続の要求をされた着信側の端末設備等が着信可能な状態でない場合又は接続の要求をされた着信側の端末設備等への接続が不可能な場合

（可聴音送出条件）

第三十三条　事業用電気通信設備は，前条各号に掲げる場合において可聴音によりその状態を通知するときは，次に定めるところにより，端末設備等を接続する点において可聴音を送出しなければならない．

　　一　前条第一号に定める場合に送出する可聴音（以下「**発信音**」という．）は，別表第五号に示す条件によること．

　　二　前条第二号に定める場合に送出する可聴音（以下「**呼出音**」という．）は，別表第五号に示す条件によること．

　　三　前条第三号に定める場合に送出する可聴音（以下「**話中音**」という．）は，別表第五号に示す条件によること．

別表第五号　可聴音信号送出条件

可聴音	項目	条件
発信音	信号送出形式	**400 Hz の周波数の信号を連続送出**
	送出電力	（－22－L）dBm 以上－19 dBm 以下
呼出音	信号送出形式	400 Hz の周波数の信号を 15 Hz 以上 20 Hz 以下の周波数の信号で変調（変調率は 85±15％以内）した信号を断続数 20 IPM±20％以内かつメーク率 33±10％以内で断続送出
	送出電力	（－29－L）dBm 以上－4 dBm 以下
話中音	信号送出形式	400 Hz の周波数の信号を断続数 60 IPM±20％以内，かつメーク率 50±10％以内で断続送出
	送出電力	（－29－L）dBm 以上－4 dBm 以下

解説

　設問にある A から C の各説明は，第 32 条（「その他の信号送出条件」）と第 33 条（可聴音送出条件）の内容の一部を示したものです．

　A　第 32 条第一号に示す可聴音の送出条件を示す文で，その音については第 33 条第一号に「発信音」と示されています．

　B　第 32 条第二号に示す可聴音の送出条件を示す文ですが，その音については第 33 条第二号に「呼出音」と示されています．

　C　第 33 条第一号から「…別表第五号に示す条件…」とあり，この表を参照すると発信音の信号送出形式は「400 Hz の周波数の信号を連続送出」と示されています．

　よって，A と C が正しいため，正解は（イ）⑤です．

【解答　⑤】

問 17	アナログ電話相当の機能を有するインターネットプロトコル電話用設備の「基本機能」	【R03-1　問 4（1）】☑☑☑

　事業用電気通信設備規則に規定する，電気通信回線設備を設置する電気通信事業者の電気通信事業の用に供する電気通信設備の音声伝送役務の提供の用に供する電気通信設備におけるアナログ電話相当の機能を有するインター

ネットプロトコル電話用設備の「基本機能」について述べた次の文章のうち，誤っているものは，___(ア)___である.

〈(ア) の解答群〉
① 発信側の端末設備等からの発信を認識し，着信側の端末設備等に通知すること.
② 着信側の端末設備等の応答を認識し，発信側の端末設備等に通知すること.
③ 電気通信番号を通知すること.
④ 通信の終了を認識すること.
⑤ ファクシミリによる送受信が正常に行えること

参照するポイント

（基本機能）

第三十五条の九　事業用電気通信設備の機能は，次の各号のいずれにも適合しなければならない.

一　発信側の端末設備等からの発信を認識し，着信側の端末設備等に通知すること.

二　電気通信番号を認識すること.

三　着信側の端末設備等の応答を認識し，発信側の端末設備等に通知すること.

四　通信の終了を認識すること.

五　ファクシミリによる送受信が正常に行えること.

解説

事業用電気通信設備規則の第35条の8から第35条の15の2までは，「電気通信事業の用に供する電気通信設備における音伝送役務の提供の用に供する電気通信設備のアナログ電話相当の機能を有するインターネットプロトコル電話用設備」の規定があり，第35条の9は「基本機能」について記述されています.

設問で示されている説明文と比較すると次のようになります.

① 第35条の9第一号に示される文面と一致しています.

② 第35条の9第三号に示される文面と一致しています.

③　第35条の9第二号から，以下の文面が異なります．

　　　条文：電気通信番号を**認識**すること．

　　　設問：電気通信番号を**通知**すること．

④　第35条の9第四号に示される文面と一致しています．

⑤　第35条の9第五号に示される文面と一致しています．

よって，正解は　(ア)　③です．

【解答　③】

| 問 18 | アナログ電話相当の機能を有するインターネットプロトコル電話用設備の「緊急通報を扱う事業用電気通信設備」 | 【R04-1　問3 (5)】 ☑☑☑ |

　音声伝送役務の提供の用に供する電気通信設備のアナログ電話相当の機能を有するインターネットプロトコル電話用設備における緊急通報を扱う事業用電気通信設備が適合しなければならない事項について述べた次のA～Cの文章は，　(カ)　．

　A　緊急通報を，その発信に係る端末設備等の場所を管轄する警察機関等に接続すること．

　B　緊急通報を発信した端末設備等に係る電気通信番号その他当該発信に係る情報として，電気通信事業者が別に定める情報を，当該緊急通報に係る警察機関等の端末設備に送信する機能を有すること．ただし，他の方法により同等の機能を実現できる場合は，この限りでない．

　C　緊急通報を受信した端末設備から通信の終了を表す信号が送出されない限りその通話を継続する機能又は警察機関等に送信した電気通信番号による呼び返し若しくはこれに準ずる機能を有すること．

〈(カ) の解答群〉

① Aのみ正しい　② Bのみ正しい　③ Cのみ正しい

④ A，Bが正しい　⑤ A，Cが正しい　⑥ B，Cが正しい

⑦ A，B，Cいずれも正しい　　⑧ A，B，Cいずれも正しくない

（緊急通報を扱う事業用電気通信設備）

第三十五条の六　緊急通報を扱う事業用電気通信設備は，次の各号のいずれにも適合するものでなければならない．

> ⚠ **注意しよう！**
> アナログ電話相当の機能を有するインターネットプロトコル電話用設備の「緊急通報を扱う事業用電気通信設備」は本来第35条の14に示されていますが，ここには第35条の6（総合デジタル通信用設備の「緊急通報を扱う事業用電気通信設備」）の規定を準用することが書かれているため，第35条の6を参照しています．

　一　緊急通報を，その発信に係る端末設備等の場所を管轄する警察機関等に接続すること．

　二　緊急通報を発信した端末設備等に係る電気通信番号その他当該発信に係る情報として，総務大臣が別に告示する情報を，当該緊急通報に係る警察機関等の端末設備に送信する機能を有すること．ただし，他の方法により同等の機能を実現できる場合は，この限りでない．

　三　緊急通報を受信した端末設備から通信の終了を表す信号が送出されない限りその通話を継続する機能又は警察機関等に送信した電気通信番号による呼び返し若しくはこれに準ずる機能を有すること．

（以下，省略）

■■ 解説 ■■

　設問にあるAからCの各説明は，A：第35条の6（「緊急通報を扱う事業用電気通信設備」）第一号，B：第35条の6第二号，C：第35条の6第三号，にそれぞれ対応します．

　設問で示されている説明文と比較すると次のようになります．

　A　第35条の6第一号に示される文面と一致しています．

　B　第35条の6第二号から，以下の文面が異なります．

　　条文：…に係る情報として，**総務大臣が別に告示する**情報を，…

　　設問：…に係る情報として，**電気通信事業者が別に定める**情報を，…

　C　第35条の6第三号に示される文面と一致しています．

　よって，AとCが正しいため，正解は__(カ) ⑤__です．

【解答　⑤】

問 19 「予備機器」「停電対策」 【R03-2 問3 (5)】 ☑☑☑

　基礎的電気通信役務を提供する電気通信事業の用に供する電気通信設備の損壊又は故障の対策における「予備機器」及び「停電対策」について述べた次のA～Cの文章は，　(カ)　．ただし，適用除外規定は考慮しないものとする．

A　通信路の設定に直接係る交換設備の機器は，その機能を代替することができる予備の機器の設置若しくは配備の措置又はこれに準ずる措置が講じられ，かつ，その故障等の発生時に速やかに当該予備の機器に切り替えられるようにしなければならない．ただし，専ら一の者の通信を取り扱う電気通信回線を当該交換設備に接続するための機器，又は当該交換設備の故障等の発生時に，他の交換設備によりその疎通が確保できる交換設備の機器については，この限りでない．

B　多重変換装置等の伝送設備において当該伝送設備に接続された電気通信回線に共通に使用される機器は，その機能を代替することができる予備の機器の設置若しくは配備の措置又はこれに準ずる措置が講じられ，かつ，その故障等の発生時に速やかに当該予備の機器と切り替えられるようにしなければならない．

C　事業用電気通信設備は，通常受けている電力の供給が停止した場合においてその取り扱う通信が停止することのないよう自家用発電機及び蓄電池の設置その他これに準ずる措置が講じられていなければならない．この場合において，事業用電気通信設備のうち交換設備にあっては，自家用発電機はその機能を代替することができる予備機器の設置が講じられていなければならない．

〈 (カ) の解答群〉
① Aのみ正しい　　② Bのみ正しい　　③ Cのみ正しい
④ A，Bが正しい　⑤ A，Cが正しい　⑥ B，Cが正しい
⑦ A, B, Cいずれも正しい　　　　⑧ A, B, Cいずれも正しくない

（予備機器）

第三十七条　通信路の設定に直接係る交換設備の機器は，その機能を代替することができる予備の機器の設置若しくは配備の措置又はこれに準ずる措置が講じられ，かつ，その故障等の発生時に速やかに当該予備の機器に切り替えられるようにしなければならない．ただし，次の各号に掲げる機器については，この限りでない．

　　一　専ら一の者の通信を取り扱う電気通信回線を当該交換設備に接続するための機器

　　二　当該交換設備の故障等の発生時に，他の交換設備によりその疎通が確保できる交換設備の機器

２　多重変換装置等の伝送設備において当該伝送設備に接続された電気通信回線に共通に使用される機器は，その機能を代替することができる予備の機器の設置若しくは配備の措置又はこれに準ずる措置が講じられ，かつ，その故障等の発生時に速やかに当該予備の機器と切り替えられるようにしなければならない．

　　（以下，省略）

（停電対策）

第三十八条　事業用電気通信設備は，通常受けている電力の供給が停止した場合においてその取り扱う通信が停止することのないよう**自家用発電機又は蓄電池の設置その他これに準ずる措置**（**交換設備にあつては，自家用発電機及び蓄電池の設置その他これに準ずる措置**．第四項において同じ．）が講じられていなければならない．

　　（以下，省略）

■■■解説■■■

　　設問にあるAからCの各説明は，AからB：第37条（「予備機器」），C：第38条（「停電対策」），にそれぞれ対応します．

　　設問で示されている説明文と比較すると次のようになります．

　　A　第37条第1項に示される文面と一致しています

　　B　第37条第2項に示される文面と一致しています

C　第38条第1項から，次に示す文面が異なります．

条文：…措置（交換設備にあつては，**自家用発電機及び蓄電池の設置その他これに準ずる措置**）が講じられていなければならない．

設問：…交換設備にあつては，**自家用発電機はその機能を代替することができる予備機器の設置**が講じられていなければならない．

よって，AとBが正しいため，正解は　(カ)　④です．

【解答　④】

問 1	「漏えいする通信の識別禁止」，「鳴音の発生防止」「過大音響衝撃の発生防止」	【R02-2　問 4（4）】☑☑☑

　端末設備等規則に規定する安全性等について述べた次の A～C の文章は，　(オ)　.

A　端末設備は，事業用電気通信設備から漏えいする通信の内容を意図的に識別する機能を有してはならない．

B　端末設備は，事業用電気通信設備との間で鳴音（電気的又は音響的結合により生ずる発振状態をいう．）を発生することを防止するために電気通信事業者が定める技術的条件を満たすものでなければならない．

C　通話機能を有する端末設備は，通話中に受話器から過大な音響衝撃が発生することを防止する機能を備えなければならない．

〈（オ）の解答群〉
① A のみ正しい　　② B のみ正しい　　③ C のみ正しい
④ A，B が正しい　⑤ A，C が正しい　⑥ B，C が正しい
⑦ A, B, C いずれも正しい　　　⑧ A, B, C いずれも正しくない

■参照するポイント■

（漏えいする通信の識別禁止）

第四条　端末設備は，事業用電気通信設備から漏えいする通信の内容を**意図的に識別する機能**を有してはならない．

（鳴音の発生防止）

重要!　第五条　端末設備は，事業用電気通信設備との間で**鳴音（電気的又は音響的結合により生ずる発振状態をいう．）**を発生することを防止するために**総務大臣が別に告示する条件**を満たすものでなければならない．

> 📖 **参 考**
>
> 「総務大臣が別に告示する条件」とは，電気通信回線設備から端末設備に入力される信号に対し，端末設備がこれを反射して出力する信号の電力の減衰量の値についての規定を指しています．この減衰量のことを「リターンロス」と呼びます．鳴音は「ハウリング」と呼ばれており，リターンロスの確保が十分でないときに発生します．

（過大音響衝撃の発生防止）

重要! 第七条　通話機能を有する端末設備は，通話中に受話器から**過大な音響衝撃が発生することを防止**する機能を備えなければならない．

解説

　端末設備等規則の第4条から第9条は，端末設備の安全性等についての規定が記述されています．設問にあるAからCの各説明は，A：第4条（「漏えいする通信の識別禁止」），B：第5条（「鳴音の発生防止」），C：第7条（「過大音響衝撃の発生防止」），にそれぞれ対応します．

　設問で示されている説明文と比較すると次のようになります．

　A　第4条に示される文面と一致しています．

　B　第5条において，以下の文面が異なります．

　　　条文：…防止するために**総務大臣が別に告示する**条件を満たすもの…

　　　設問：…防止するために**電気通信事業者が定める技術的**条件を満たすもの…

　C　第7条に示される文面と一致しています．

　よって，AとCが正しいため，正解は　(オ) ⑤です．

【解答　⑤】

問2	「絶縁抵抗等」	【R04-1　問4 (3)】 ☑☑☑

　次の文章は，端末設備等規則に規定する「絶縁抵抗等」について述べたものである．□□□内の（ウ），（エ）に最も適したものを，下記の解答群から選び，その番号を記せ．

　端末設備の機器は，その電源回路と筐体及びその電源回路と　(ウ)　との間において，使用電圧が300ボルト以下の場合にあっては，　(エ)　メガ

オーム以上の絶縁抵抗を有しなければならない．

〈（ウ），（エ）の解答群〉
① 0.1　② 0.2　③ 保安装置　④ 自営電気通信設備
⑤ 0.3　⑥ 0.4　⑦ 直流回路　⑧ 大地
⑨ 0.5　⑩ 事業用電気通信設備

■ 参照するポイント ■

（絶縁抵抗等）

超重要！ 第六条　端末設備の機器は，その電源回路と筐体及び
その電源回路と**事業用電気通信設備**との間に次の絶縁
抵抗及び絶縁耐力を有しなければならない．

> **覚えよう！**
> 絶縁抵抗と絶縁耐力で有しな
> ければならない数値に関する
> 内容を覚えましょう．

　　一　絶縁抵抗は，使用電圧が三〇〇ボルト以下の場
　　　　合にあつては，〇・二メガオーム以上であり，三〇〇ボルトを超え七五〇
　　　　ボルト以下の直流及び三〇〇ボルトを超え六〇〇ボルト以下の交流の場合
　　　　にあつては，〇・四メガオーム以上であること．
　　二　絶縁耐力は，使用電圧が七五〇ボルトを超える直流及び六〇〇ボルトを超
　　　　える交流の場合にあつては，その使用電圧の一・五倍の電圧を連続して一
　　　　〇分間加えたときこれに耐えること．
2　端末設備の機器の**金属製の台及び筐体**は，接地抵抗が一〇〇オーム以下とな
　　るように**接地**しなければならない．ただし，安全な場所に危険のないように
　　設置する場合にあつては，この限りでない．

■ 解説 ■

　設問で示されている説明文は，第6条（「絶縁抵抗等」）に示される条文です．
　条文と設問を照らし合わせると，穴埋め箇所には次の言葉が入ることがわかり
ます．
　（ウ）→　事業用電気通信設備
　（エ）→　0.2
　よって，正解は　（ウ）⑩，（エ）②となります．

【解答　ウ：⑩，エ：②】

| 問3 | 「配線設備等」「端末設備内において電波を使用する端末設備」 | 【R04-1　問4（4）】 □□□ |

　端末設備等規則に規定する，端末設備の安全性等について述べた次の文章のうち，誤っているものは，　(オ)　である．

〈(オ) の解答群〉

①　端末設備は，事業用電気通信設備との間で鳴音（電気的又は音響的結合により生ずる発振状態をいう．）を発生することを防止するために総務大臣が別に告示する条件を満たすものでなければならない．

②　通話機能を有する端末設備は，通話中に受話器から過大な音響衝撃が発生することを防止する機能を備えなければならない．

③　配線設備等の電線相互間及び電線と大地間の絶縁抵抗は，直流200ボルト以上の一の電圧で測定した値で1メガオーム以上であること．

④　端末設備を構成する一の部分と他の部分相互間において電波を使用する端末設備は，使用する電波の周波数が空き状態であるかどうかについて，総務大臣が別に告示するところにより判定を行い，空き状態である場合にのみ直流回路を閉じるものでなければならない．ただし，総務大臣が別に告示するものについては，この限りでない．

■参照するポイント■

（配線設備等）

重要！第八条　利用者が端末設備を事業用電気通信設備に接続する際に使用する線路及び保安器その他の機器（以下「配線設備等」という．）は，次の各号により設置されなければならない．

> **■覚えよう！**
> 第8条は，第6条と同様によく出題されています．数値には十分注意して覚えましょう．

　一　配線設備等の**評価雑音電力**（通信回線が受ける妨害であつて人間の聴覚率を考慮して定められる実効的雑音電力をいい，誘導によるものを含む．）は，絶対レベルで表した値で定常時にお

> **■覚えよう！**
> 評価雑音電力の用語の定義をよく覚えておきましょう．

いてマイナス六四デシベル以下であり，かつ，最大時においてマイナス五八デシベル以下であること．

　二　配線設備等の電線相互間及び電線と大地間の絶縁抵抗は，直流二〇〇ボル

ト以上の一の電圧で測定した値で一メガオーム以上であること．

　三　配線設備等と強電流電線との関係については有線電気通信設備令（昭和二
　　　十八年政令第百三十一号）第十一条から第十五条まで及び第十八条に適合
　　　するものであること．

　四　**事業用電気通信設備を損傷し，又はその機能に障害を与えないようにする
　　　ため，総務大臣が別に告示するところにより配線設備等の設置の方法を定
　　　める場合にあつては，その方法によるものであること．**

（端末設備内において電波を使用する端末設備）

第九条　端末設備を構成する一の部分と他の部分相互間において電波を使用する
端末設備は，次の各号の条件に適合するものでなければならない．

　一　総務大臣が別に告示する条件に適合する識別符号（端末設備に使用される
　　　無線設備を識別するための符号であつて，通信路の設定に当たつてその照
　　　合が行われるものをいう．）を有すること．

　二　使用する電波の周波数が空き状態であるかどうかについて，総務大臣が別
　　　に告示するところにより判定を行い，**空き状態である場合にのみ通信路を
　　　設定するものであること．** ただし，総務大臣が別に告示するものについて
　　　は，この限りでない．

　三　使用される無線設備は，**一の筐体に収められており，** かつ，**容易に開ける
　　　ことができないこと．** ただし，総務大臣が別に告示するものについては，
　　　この限りでない．

■解説■

　設問にある①から④の各説明は，①：第5条（「鳴音の発生防止」），②：第7
条（「過大音響衝撃の発生防止」），③：第8条（「配線設備等」），④：第9条
（「端末設備内において電波を使用する端末設備」）について記述されています．

　設問で示されている説明文と比較すると次のようになります．

　①　第5条に示される文面と一致しています．

　②　第7条に示される文面と一致しています．

　③　第8条第二号に示される文面と一致しています．

　④　第9条第二号から，以下の文面が異なります．

　　　条文：…空き状態である場合にのみ**通信路を設定するものであること．**…

設問：…空き状態である場合にのみ**直流回路を開くもの**でなければならない．…

よって，正解は　(オ)　④です．

【解答　④】

問4	アナログ電話端末の「基本的機能」「直流回路の電気的条件等」	【R03-2　問4（3）】☐☐☐

　次の(i)，(ii)の文章は，端末設備等規則に規定する，電話用設備に接続されるアナログ電話端末の「基本的機能」及び「直流回路の電気的条件等」について述べたものである．　　　　内の　(ウ)，(エ)　に最も適したものを，下記の解答群から選び，その番号を記せ．

(i)　アナログ電話端末の直流回路は，　(ウ)　ものでなければならない．

(ii)　アナログ電話端末は，電気通信回線に対して　(エ)　ものであってはならない．

〈(ウ)，(エ)　の解答群〉
①　直流の電圧を加える　　②応答のない相手に対し発信する
③　回線の極性を反転する　④PB信号以外の交流信号を送出する
⑤　発信を行うとき開き，応答を行うとき又は通信が終了したとき閉じる
⑥　発信を行うとき閉じ，応答を行うとき又は通信が終了したとき開く
⑦　発信又は応答を行うとき開き，通信が終了したとき閉じる
⑧　発信又は応答を行うとき閉じ，通信が終了したとき開く

参照するポイント

（基本的機能）
第十条　アナログ電話端末の直流回路は，**発信又は応答を行うとき閉じ，通信が終了したとき開くもの**でなければならない．

（直流回路の電気的条件等）
重要! 第十三条　直流回路を閉じているときのアナログ電話端末の直流回路の電気的条件は，次のとおりでなけれ

覚えよう！
第13条もすべての文面と数値に注意して覚えましょう．

ばならない.

　一　直流回路の直流抵抗値は，二〇ミリアンペア以上一二〇ミリアンペア以下
　　　の電流で測定した値で五〇オーム以上三〇〇オーム以下であること．ただ
　　　し，直流回路の直流抵抗値と電気通信事業者の交換設備からアナログ電話
　　　端末までの線路の直流抵抗値の和が五〇オーム以上一，七〇〇オーム以下
　　　の場合にあつては，この限りでない．

　二　ダイヤルパルスによる選択信号送出時における**直流回路の静電容量**は，**三
　　　マイクロフアラド以下**であること．

2　直流回路を開いているときのアナログ電話端末の直流回路の電気的条件は，
　　次のとおりでなければならない．

　一　直流回路の直流抵抗値は，一メガオーム以上であること．

　二　直流回路と大地の間の絶縁抵抗は，直流二〇〇ボルト以上の一の電圧で測
　　　定した値で一メガオーム以上であること．

　三　呼出信号受信時における直流回路の静電容量は，三マイクロフアラド以下
　　　であり，インピーダンスは，七五ボルト，一六ヘルツの交流に対して二キ
　　　ロオーム以上であること．

3　アナログ電話端末は，**電気通信回線に対して直流の電圧を加える**ものであつ
　　てはならない．

解説

　設問で示されている説明文は，（i）：第10条（「基本的機能」），（ii）：第13条
（「直流回路の電気的条件等」）に示される条文です．

　条文と設問を照らし合わせると，穴埋め箇所には次の言葉が入ることがわかり
ます．

　（ウ）→　発信又は応答を行うとき閉じ，通信が終了したとき開く

　（エ）→　直流の電圧を加える

　よって，正解は　(ウ) ⑧，(エ) ①となります．

【解答　ウ：⑧，エ：①】

問5	アナログ電話端末の「発信の機能」「選択信号の条件」【R02-2　問4 (5)】 ☑☑☑

　端末設備等規則に規定する，電話用設備に接続される端末設備におけるア

ナログ電話端末の「直流回路の電気的条件等」,「選択信号の条件」又は「発信の機能」について述べた次の文章のうち,<u>誤っているもの</u>は, 　(カ)　 である.

〈(カ) の解答群〉
① 直流回路を開いているときのアナログ電話端末の呼出信号受信時における直流回路の静電容量は,5マイクロファラド以下であり,インピーダンスは,75ボルト,16ヘルツの交流に対して1キロオーム以上でなければならない.
② アナログ電話端末は,電気通信回線に対して直流の電圧を加えるものであってはならない.
③ アナログ電話端末の押しボタンダイヤル信号は,数字又は数字以外を表すダイヤル信号として,16種類のダイヤル番号が規定されている.
④ アナログ電話端末は,自動的に選択信号を送出する場合にあっては,直流回路を閉じてから3秒以上経過後に選択信号の送出を開始する機能を備えなければならない.ただし,電気通信回線からの発信音又はこれに相当する可聴音を確認した後に選択信号を送出する場合にあっては,この限りでない.

■ 参照するポイント

(発信の機能)

重要! 第十一条　アナログ電話端末は,発信に関する次の機能を備えなければならない.
一　自動的に選択信号を送出する場合にあつては,**直流回路を閉じてから三秒以上経過後に選択信号の送出を開始するもの**であること.ただし,電気通信回線からの発信音又はこれに相当する可聴音を確認した後に選択信号を送出する場合にあつては,この限りでない.
二　発信に際して相手の端末設備からの応答を自動的に確認する場合にあつては,電気通信回線からの応答が確認できない場合**選択信号送出終了後二分以内に直流回路を開くもの**であること.
三　自動再発信(応答のない相手に対し引き続いて繰り返し自動的に行う発信をいう.以下同じ.)を行う場合(自動再発信の回数が一五回以内の場合

を除く.）にあつては，その回数は**最初の発信から三分間に二回以内**であること．この場合において，**最初の発信から三分を超えて行われる発信は，別の発信とみなす.**

四　前号の規定は，火災，盗難その他の非常の場合にあつては，適用しない.

（選択信号の条件）

第十二条　アナログ電話端末の選択信号は，次の条件に適合するものでなければならない.

一　ダイヤルパルスにあつては，別表第一号の条件

二　押しボタンダイヤル信号にあつては，別表第二号の条件

別表第二号　押しボタンダイヤル信号の条件（第 12 条第 2 号関係）

第 1　ダイヤル番号の周波数

ダイヤル番号	周波数		
1	697 Hz	及び	1,209 Hz
2	697 Hz	及び	1,336 Hz
3	697 Hz	及び	1,477 Hz
4	770 Hz	及び	1,209 Hz
5	770 Hz	及び	1,336 Hz
6	770 Hz	及び	1,477 Hz
7	852 Hz	及び	1,209 Hz
8	852 Hz	及び	1,336 Hz
9	852 Hz	及び	1,477 Hz
0	941 Hz	及び	1,336 Hz
*	941 Hz	及び	1,209 Hz
#	941 Hz	及び	1,477 Hz
A	697 Hz	及び	1,633 Hz
B	770 Hz	及び	1,633 Hz
C	852 Hz	及び	1,633 Hz
D	941 Hz	及び	1,633 Hz

解説

　設問にある①から④の各説明は，①から②：第13条（「直流回路の電気的条件等」），③：第12条（「選択信号の条件」），④：第11条（「発信の機能」），にそれぞれ対応します．

　設問で示されている説明文と比較すると次のようになります．

① 第13条第2項第三号から，以下の文面が異なります．

　　条文：呼出信号受信時における直流回路の静電容量は，**三マイクロフアラド以下**であり…一六ヘルツの交流に対して**二キロオーム以上**であること．

　　設問：…呼出信号受信時における直流回路の静電容量は，**5マイクロファラド以下**であり…16ヘルツの交流に対して**1キロオーム以上**でなければならない．

② 第13条第3項に示される内容と一致しています．

③ 第12条第二号には，押しボタンダイヤル信号についての条件を別表第二号に示されていることが書かれています．別表第二号を参照するとダイヤル番号は「0」から「9」と「＊」「＃」「A」「B」「C」「D」の全16種類があることが示されています．そのため，正しいです．

④ 第11条第一号に示される内容と一致しています．

　よって，正解は　(カ)①です．

【解答　①】

問6	アナログ電話端末の「緊急通報機能」	【R04-1　問4 (5)】✓✓✓

　端末設備等規則に規定する，電話用設備に接続される端末設備におけるアナログ電話端末の「発信の機能」及び「緊急通報機能」について述べた次のA〜Cの文章は，　(カ)　．

A　自動的に選択信号を送出する場合にあっては，直流回路を閉じてから3秒以上経過後に選択信号の送出を開始するものであること．ただし，電気通信回線からの発信音又はこれに相当する可聴音を確認した後に選択信号を送出する場合にあっては，この限りでない．

B　自動再発信（応答のない相手に対し引き続いて繰り返し自動的に行う発信をいう．以下同じ．）を行う場合（自動再発信の回数が15回以

内の場合を除く.）にあつては，その回数は最初の発信から３分間に
２回以内であること．この場合において，最初の発信から３分を超え
て行われる発信は，別の発信とみなす．なお，この規定は，火災，盗
難その他の非常の場合にあつては，適用しない．

C　アナログ電話端末であつて，通話の用に供するものは，電気通信番号
規則に掲げる緊急通報番号を使用した警察機関，医療機関又は消防機
関への通報を発信する機能を備えなければならない．

〈（カ）の解答群〉
① Aのみ正しい　　② Bのみ正しい　　③ Cのみ正しい
④ A，Bが正しい　　⑤ A，Cが正しい　　⑥ B，Cが正しい
⑦ A，B，Cいずれも正しい　　　⑧ A，B，Cいずれも正しくない

参照するポイント

（緊急通報機能）

第十二条の二　アナログ電話端末であつて，通話の用に供するものは，電気通信
番号規則別表第十二号に掲げる緊急通報番号を使用した**警察機関，海上保安機関
又は消防機関**への通報（以下「緊急通報」という.）を発信する機能を備えなけ
ればならない．

解説

設問にあるAからCの各説明は，AからB：第11条（「発信の機能」），C：
第12条の2（「緊急通報機能」），にそれぞれ対応します．

設問で示されている説明文と比較すると次のようになります．

A　第11条第一号に示される文面と一致しています．

B　第11条第三号および第四号に示される文面と一致しています．

C　第12条の2から，以下の文面が異なります．

条文：…緊急通報番号を使用した警察機関，**海上保安**機関又は消防機関へ
の通報…

設問：…緊急通報番号を使用した警察機関，**医療**機関又は消防機関への通報…

よって，AとBが正しいため，正解は　(カ) ④です．

【解答　④】

| 問7 | 移動電話端末の「位置登録制御」「チャネル切替指示に従う機能」 | 【R03-1 問4（4）】 ☑☑☑ |

端末設備等規則に規定する，電話用設備に接続される端末設備における移動電話端末の「位置登録制御」及び「チャネル切替指示に従う機能」について述べた次のA〜Cの文章は，　(オ)　．

A　移動電話端末は，移動電話用設備からの位置情報が移動電話端末に記憶されているそれと一致しない場合のみ，位置情報の登録を確認する信号を送出する機能を備えなければならない．ただし，移動電話用設備からの指示があった場合にあっては，この限りでない．

B　移動電話端末は，移動電話用設備からの位置情報の登録を確認する信号を受信した場合にあっては，移動電話端末に記憶されている位置情報を更新し，かつ，保持する機能を備えなければならない．

C　移動電話端末は，移動電話用設備からのチャネルを指定する信号を受信した場合にあっては，指定されたチャネルに切り替える機能を備えなければならない．

〈（オ）の解答群〉
① Aのみ正しい　② Bのみ正しい　③ Cのみ正しい
④ A，Bが正しい　⑤ A，Cが正しい　⑥ B，Cが正しい
⑦ A，B，Cいずれも正しい　　⑧ A，B，Cいずれも正しくない

参照するポイント

（位置登録制御）
第二十二条　移動電話端末は，位置登録制御（移動電話端末が，移動電話用設備に位置情報（移動電話端末の位置を示す情報をいう．以下この条において同じ．）の登録を行うことをいう．）に関する次の機能を備えなければならない．
　一　移動電話用設備からの位置情報が移動電話端末に記憶されているそれと一致しない場合のみ，**位置情報の登録を要求する信号を送出するものである**こと．ただし，移動電話用設備からの指示があつた場合にあつては，この限りでない．

二 　移動電話用設備からの位置情報の登録を確認する信号を受信した場合にあつては，移動電話端末に記憶されている**位置情報を更新し，**かつ，**保持する**ものであること．

（チヤネル切替指示に従う機能）
第二十三条　移動電話端末は，移動電話用設備からのチヤネルを指定する信号を受信した場合にあつては，指定されたチヤネルに切り替える機能を備えなければならない．

解説

設問にあるＡからＣの各説明は，ＡからＢ：第22条（「位置登録制御」），Ｃ：第23条（「チヤネル切替指示に従う機能」），にそれぞれ対応します．

設問で示されている説明文と比較すると次のようになります．

Ａ　第22条第一号から，以下の文面が異なります．
　　条文：…位置情報の登録を**要求**する信号を送出する**もの**であること．…
　　設問：…位置情報の登録を**確認**する信号を送出する**機能を備えなければならない．**…
Ｂ　第22条第二号に示される文面と一致しています．
Ｃ　第23条に示される文面と一致しています．
よって，ＢとＣが正しいため，正解は　(オ)　⑥です．

【解答　⑥】

問8	移動電話端末の「受信レベル通知機能」	【R元-2　問4 (3)】 ☑☑☑

次の文章は，端末設備等規則に規定する，電話用設備に接続される端末設備の移動電話端末における「受信レベル通知機能」について述べたものである．□□□□内の（ウ），（エ）に最も適したものを，下記の解答群から選び，その番号を記せ．ただし，□□□□内の同じ記号は，同じ解答を示す．

移動電話端末は，受信レベルの通知に関する次の機能を備えなければならない．

(i) 移動電話用設備から指定された条件に基づき，移動電話端末の周辺の移動電話用設備の指定された　(ウ)　の受信レベルについて検出を行い，指定された時間間隔ごとに移動電話用設備にその結果を通知するものであること．

(ii) 　(エ)　の受信レベルと移動電話端末の周辺の移動電話用設備の　(ウ)　の最大受信レベルが移動電話用設備から指定された条件を満たす場合にあっては，その結果を移動電話設備に通知するものであること．

〈(ウ)，(エ) の解答群〉
① 電気通信番号　② 制御チャネル　③ 選択信号　④ 応答信号
⑤ 通話チャネル　⑥ 音声信号　⑦ 発呼信号　⑧ 受信データ

参照するポイント

(受信レベル通知機能)

第二十四条　移動電話端末は，受信レベルの通知に関する次の機能を備えなければならない．

一　移動電話用設備から指定された条件に基づき，移動電話端末の周辺の移動電話用設備の指定された**制御チヤネルの受信レベル**について検出を行い，指定された時間間隔ごとに移動電話用設備にその結果を通知するものであること．

二　**通話チヤネルの受信レベル**と移動電話端末の周辺の移動電話用設備の**制御チヤネルの最大受信レベル**が移動電話用設備から指定された条件を満たす場合にあつては，その結果を移動電話用設備に通知するものであること．

解説

端末設備等規則の第24条は，電話用設備に接続される端末設備における移動電話端末の「受信レベル通知機能」についての規定がされています．

設問で示されている説明文(i)～(ii)は，同条文の第一号から第二号にそれぞれ対応しています．

条文と設問を照らし合わせると，穴埋め箇所には次の言葉が入ることがわかります．

(ウ) → 制御チャネル

（エ）→　通話チャネル

よって，正解は　(ウ) ②，(エ) ⑤となります．

【解答　ウ：②，エ：⑤】

問9	インターネットプロトコル電話端末の「基本的機能」「発信の機能」「電気的条件等」	【R03-2　問4 (5)】 ☑☑☑

　端末設備等規則に規定する，インターネットプロトコル電話端末の「基本的機能」，「発信の機能」又は「電気的条件等」について述べた次の文章のうち，<u>誤っているもの</u>は，□□(カ)□□である．

〈(カ) の解答群〉

① 　発信又は応答を行う場合にあっては，呼の設定を行うためのメッセージ又は当該メッセージに対応するためのメッセージを送出するものであること．

② 　通信を終了する場合にあっては，呼の切断，解放若しくは取消しを行うためのメッセージ又は当該メッセージに対応するためのメッセージを送出するものであること．

③ 　発信に際して相手の端末設備からの応答を自動的に確認する場合にあっては，電気通信回線からの応答が確認できない場合呼の設定を行うためのメッセージ送出終了後3分以内に通信終了メッセージを送出するものであること．

④ 　インターネットプロトコル電話端末は，総務大臣が別に告示する電気的条件及び光学的条件のいずれかの条件に適合するものでなければならない．

■参照するポイント■

（基本的機能）

第三十二条の二　インターネットプロトコル電話端末は，次の機能を備えなければならない．

　一　発信又は応答を行う場合にあつては，呼の設定を行うためのメッセージ又は当該メッセージに対応するためのメッセージを送出するものであること．

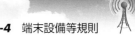

二　通信を終了する場合にあつては，呼の切断，解放若しくは取消しを行うためのメッセージ又は当該メッセージに対応するためのメッセージ（以下「通信終了メッセージ」という．）を送出するものであること．

（発信の機能）
第三十二条の三　インターネットプロトコル電話端末は，発信に関する次の機能を備えなければならない．

一　発信に際して相手の端末設備からの応答を自動的に確認する場合にあつては，電気通信回線からの応答が確認できない場合呼の設定を行うためのメッセージ送出終了後**二分以内**に通信終了メッセージを送出するものであること．

二　自動再発信を行う場合（自動再発信の回数が一五回以内の場合を除く．）にあつては，その回数は最初の発信から三分間に二回以内であること．この場合において，最初の発信から三分を超えて行われる発信は，別の発信とみなす．

三　前号の規定は，火災，盗難その他の非常の場合にあつては，適用しない．

（電気的条件等）
第三十二条の七　インターネットプロトコル電話端末は，総務大臣が別に告示する電気的条件及び光学的条件のいずれかの条件に適合するものでなければならない．

2　インターネットプロトコル電話端末は，電気通信回線に対して直流の電圧を加えるものであつてはならない．ただし，前項に規定する総務大臣が別に告示する条件において直流重畳が認められる場合にあつては，この限りでない．

解説

設問にある①から④の各説明は，①から②：第32条の2（「基本的機能」），③：第32条の3（「発信の機能」），④：第32条の7（「電気的条件等」），にそれぞれ対応します．

設問で示されている説明文と比較すると次のようになります．

①　第32条の2第一号に示される内容と一致しています．

② 第32条の2第二号に示される内容と一致しています.

③ 第32条の3第一号から，以下の文面が異なります.

条文：…行うためのメッセージ送出終了後**二分以内**に通信終了メッセージを送出するものであること.

設問：…行うためのメッセージ送出終了後**3分以内**に通信終了メッセージを送出するものであること.

④ 第32条第1項に示される内容と一致しています.

よって，正解は＿(カ)＿③です.

【解答　③】

| 問 10 | 総合デジタル通信用設備に接続される端末設備の「基本的機能」「発信の機能」「電気的条件等」 | 【R03-1　問4 (5)】 □□□ |

端末設備等規則に規定する，総合デジタル通信用設備に接続される端末設備の「基本的機能」，「発信の機能」又は「電気的条件等」について述べた次の文章のうち，正しいものは，＿(カ)＿である.

〈(カ) の解答群〉

① 総合デジタル通信端末は，発信又は応答を行う場合にあっては，呼設定用メッセージを送出する機能を備えなければならない. ただし，総務大臣が別に告示する場合はこの限りでない.

② 発信に際して相手の端末設備からの応答を自動的に確認する場合にあっては，電気通信回線からの応答が確認できない場合呼設定メッセージ送出終了後3分以内に呼切断用メッセージを送出するものであること.

③ 自動再発信を行う場合（自動再発信の回数が15回以内の場合を除く.）にあっては，その回数は最初の発信から2分間に3回以内であること. この場合において，最初の発信から2分を超えて行われる発信は，別の発信とみなす. なお，この規定は，火災，盗難その他の非常の場合にあっては，適用しない.

④ 総合デジタル通信端末は，総務大臣が別に告示する電気的条件及び機械的条件のいずれかの条件に適合するものでなければならない.

▓ 参照するポイント ▓

（基本的機能）

第三十四条の二　総合デジタル通信端末は，次の機能を備えなければならない.
ただし，総務大臣が別に告示する場合はこの限りでない.

　一　発信又は応答を行う場合にあつては，呼設定用メッセージを送出するもの
であること.

　二　通信を終了する場合にあつては，呼切断用メッセージを送出するものであ
ること.

（発信の機能）

重要!) 第三十四条の三　総合デジタル通信端末は，発信に関する次の機能を備えなけれ
ばならない.

　一　発信に際して相手の端末設備からの応答を自動的に確認する場合にあつて
は，電気通信回線からの応答が確認できない場合**呼設定メッセージ送出終
了後二分以内に呼切断用メッセージを送出する**ものであること.

　二　自動再発信を行う場合（自動再発信の回数が一五回以内の場合を除く.）
にあつては，その回数は**最初の発信から三分間に二回以内**であること. こ
の場合において，**最初の発信から三分を超えて行われる発信は，別の発信
とみなす.**

　三　前号の規定は，火災，盗難その他の非常の場合にあつては，適用しない.

（電気的条件等）

第三十四条の五　総合デジタル通信端末は，総務大臣が別に告示する**電気的条件
及び光学的条件のいずれかの条件に適合する**ものでなければならない.

　2　総合デジタル通信端末は，**電気通信回線に対して直流の電圧を加えるもので
あつてはならない.**

┌─ 📖 **参考** ─
「総務大臣が別に告示する」とある内容は次の通りです.
【総合デジタル通信端末の電気的条件】
・TCM（ピンポン伝送方式）：7.2 V（0—P）以下
・EC（エコーキャンセラー方式）：2.625 V（0—P）以下
【総合デジタル通信端末の光学的条件】
・－7 dBm（平均レベル）以下

　設問にある①から④の各説明は，①：第34条の2（「基本的機能」），②から③：第34条の3（「発信の機能」），④：第34条の5（「電気的条件等」），にそれぞれ対応します．

　設問で示されている説明文と比較すると次のようになります．

①　第34条の2第一号に示される文面と一致しています．

②　第34条の3第一号から，以下の文面が異なります

　　条文：…送出終了後**二分以内**に呼切断用メッセージを送出するもの…

　　設問：…送出終了後**3分以内**に呼切断用メッセージを送出するもの…

③　第34条の3第二号および第三号から，以下の文面が異なります

　　条文：…最初の発信から**三分間に二回以内**であること．…最初の発信から**三分を超えて**行われる発信は，…

　　設問：…最初の発信から**2分間に3回以内**であること．…最初の発信から**2分を超えて**行われる発信は，…

④　第34条の5第1項から，以下の文面が異なります

　　条文：…総務大臣が別に告示する電気的条件及び**光学的条件**のいずれかの条件に…

　　設問：…総務大臣が別に告示する電気的条件及び**機械的条件**のいずれかの条件に…

　よって，正解は　(カ)　①です．

【解答　①】

2章
有線電気通信法関連

2-1 有線電気通信法

| 問1 | 「目的」「本邦外にわたる有線電気通信設備」
「設備の検査等」 | 【R04-1　問5 (1)】 ☑☑☑ |

　有線電気通信法に規定する「目的」，「本邦外にわたる有線電気通信設備」及び「設備の検査等」について述べた次のA～Cの文章は，　（ア）　．

A　有線電気通信法は，有線電気通信設備の設置及び使用を規律し，有線電気通信に関する秩序を確立することによって，電気通信の健全な発展に寄与することを目的とする．

B　本邦内の場所と本邦外の場所との間の有線電気通信設備は，電気通信事業者がその事業の用に供する設備として設置する場合を除き，設置してはならない．ただし，特別の事由がある場合において，期間を定めて臨時に設置するときは，この限りでない．

C　総務大臣は，有線電気通信法の施行に必要な限度において，有線電気通信設備を設置した者からその設備に関する報告を徴し，又はその職員に，その事務所，営業所，工場若しくは事業場に立ち入り，その設備若しくは帳簿書類を検査させることができる．

〈（ア）の解答群〉
① Aのみ正しい　② Bのみ正しい　③ Cのみ正しい
④ A，Bが正しい　⑤ A，Cが正しい　⑥ B，Cが正しい
⑦ A, B, Cいずれも正しい　　⑧ A, B, Cいずれも正しくない

参照するポイント

（目的）

超重要! 第一条　この法律は，有線電気通信設備の設置及び使用を規律し，有線電気通信に関する秩序を確立することによつて，**公共の福祉の増進に寄与することを目的**とする．

（本邦外にわたる有線電気通信設備）

超重要! 第四条　本邦内の場所と本邦外の場所との間の有線電気通信設備は，電気通信事業者がその事業の用に供する設備として設置する場合を除き，設置してはならない．ただし，特別の事由がある場合において，**総務大臣の許可を受けたときは，**この限りでない．

「本邦外」とは国際通信を意味しています．第4条において，国際通信回線の国内部分は対象外となります．「本邦内の場所と本邦外の場所との間」と表現しているのは，この対象外の部分を明確にするために表しています．

（設備の検査等）

超重要! 第六条　総務大臣は，**この法律の施行に必要な限度において，**有線電気通信設備を設置した者からその設備に関する報告を徴し，又はその職員に，**その事務所，営業所，工場若しくは事業場に立ち入り，その設備若しくは帳簿書類を検査させる**ことができる．

2　前項の規定により立入検査をする職員は，**その身分を示す証明書を携帯し，関係人に提示しなければならない．**

3　第一項の規定による**検査の権限は，犯罪捜査のために認められたもの**と解してはならない．

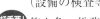 **解説**

設問にあるAからCの各説明は，A：第1条（「目的」），B：第4条（「本邦外にわたる有線電気通信設備」），C：第6条（「設備の検査等」），にそれぞれ対応します．

設問で示されている説明文と比較すると次のようになります．

A　第1条から，以下の文面について異なります．

条文：…，**公共の福祉の増進**に寄与することを目的とする．

設問：…，**電気通信の健全な発展**に寄与することを目的とする．

B　第4条から，以下の文面について異なります．

条文：…．ただし，特別の事由がある場合において，**総務大臣の許可を受けたときは，**この限りでない．

設問：…．ただし，特別の事由がある場合において，**期間を定めて臨時に設置するときは，**この限りでない．

C　第6条に示される文面と一致しています．

よって，Cが正しいため，正解は＿(ア)　③＿です．

問2	「有線電気通信設備の届出」	【R04-1　問5(2)】 ☑☑☑

　次の(i)，(ii)の文章は，有線電気通信法に規定する「有線電気通信設備の届出」について述べたものである．＿＿＿＿＿内の（イ），（ウ）に最も適したものを，下記の解答群から選び，その番号を記せ．ただし，＿＿＿＿＿内の同じ記号は，同じ解答を示す．

(i)　有線電気通信設備を設置しようとする者は，有線電気通信の方式の別，設備の＿(イ)＿及び設備の概要を記載した書類を添えて，設置の工事の開始の日の2週間前まで（工事を要しないときは，設置の日から2週間以内）に，その旨を総務大臣に届け出なければならない．

(ii)　設置の届出をする者は，その届出に係る有線電気通信設備が，他人の通信の用に供されるもの（総務省令で定めるものを除く．）に該当するものであるときは，有線電気通信の方式の別，設備の＿(イ)＿及び設備の概要のほか，その＿(ウ)＿その他総務省令で定める事項を併せて届け出なければならない．

〈（イ），（ウ）の解答群〉
① 料金体系　　② 提供条件　　③ 設置の場所　　④ 工事の実施体制
⑤ 技術的性能　⑥ 運用方法　　⑦ 使用の態様　　⑧ 接続の技術基準
⑨ 接続構成　　⑩ 設置の目的

参照するポイント

（有線電気通信設備の届出）

(超重要!)第三条　有線電気通信設備を設置しようとする者は，次の事項を記載した書類を添えて，**設置の工事の開始の日の二週間前まで（工事を要しないときは，設置の日から二週間以内）**に，その旨を総務大臣に届け出なければならない．

覚えよう！
第3条第1項および第2項の内容をしっかりと覚えましょう．

一　有線電気通信の方式の別

　　二　設備の設置の場所

　　三　設備の概要

2　前項の届出をする者は，その届出に係る有線電気通信設備が次に掲げる設備（総務省令で定めるものを除く.）に該当するものであるときは，同項各号の事項のほか，その**使用の態様その他総務省令で定める事項**を併せて届け出なければならない.

　　一　二人以上の者が共同して設置するもの

　　二　他人（電気通信事業者（電気通信事業法（昭和五十九年法律第八十六号）第二条第五号に規定する電気通信事業者をいう. 以下同じ.）を除く.）の設置した有線電気通信設備と相互に接続されるもの

　　三　他人の通信の用に供されるもの

　　（以下，省略）

解説

　有線電気通信法の第3条では，有線電気通信設備を設置しようとする者がその旨を総務大臣に届け出るために必要な書類について規定が記されています.

　設問で示されている説明文(i)～(ii)は，同条文の第1項および第2項にそれぞれ対応します.

　条文と設問を照らし合わせると，穴埋め箇所には次の言葉が入ることがわかります.

　（イ）→　設置の場所

　（ウ）→　使用の態様

　よって，正解は（イ）③，（ウ）⑦となります.

【解答　イ：③，ウ：⑦】

| **問3** | 「技術基準」「設備の改善等の措置」 | 【R03-2　問5 (1)】 ☑☑☑ |

　有線電気通信法に規定する「設備の検査等」，「技術基準」又は「設備の改善等の措置」について述べた次の文章のうち，<u>誤っているもの</u>は，　（ア）　である.

① 総務大臣は，有線電気通信法の施行に必要な限度において，有線電気通信設備を設置した者からその設備に関する報告を徴し，又はその職員に，その事務所，営業所，工場若しくは事業場に立ち入り，その設備若しくは帳簿書類を検査させることができる．この検査の権限は，犯罪捜査のために認められたものと解してはならない．

② 有線電気通信法の規定により立入検査をする職員は，その身分を示す証明書を携帯し，関係人に提示しなければならない．

③ 有線電気通信設備（政令で定めるものを除く．）の技術基準により確保されるべき事項の一つとして，有線電気通信設備は，他人の設置する有線電気通信設備に妨害を与えないようにすることがある．

④ 総務大臣は，有線電気通信設備を設置した者に対し，その設備が有線電気通信法に規定する技術基準に適合しないため他人の設置する有線電気通信設備に妨害を与え，又は人体に危害を及ぼし，若しくは通信の秘密の漏えいがあると認めるときは，その妨害，危害又は秘密の漏えいの防止又は除去のため必要な限度において，その設備の使用の停止又は改造，修理その他の措置を命ずることができる．

■ 参照するポイント

（技術基準）

重要！ 第五条 有線電気通信設備（政令で定めるものを除く．）は，政令で定める技術基準に適合するものでなければならない．

2 前項の技術基準は，これにより次の事項が確保されるものとして定められなければならない．

一 有線電気通信設備は，**他人の設置する有線電気通信設備に妨害を与えない**ようにすること．

二 有線電気通信設備は，**人体に危害を及ぼし，又は物件に損傷を与えない**ようにすること．

（設備の改善等の措置）

重要！ 第七条 総務大臣は，有線電気通信設備を設置した者に対し，その設備が第五条の技術基準に適合しないため他人の設置する有線電気通信設備に**妨害を与え，又**

は人体に危害を及ぼし，若しくは**物件に損傷を与える**と認めるときは，その妨害，危害又は**損傷の防止**又は除去のため必要な限度において，その設備の使用の停止又は改造，修理その他の措置を命ずることができる．

（以下，省略）

> 「第五条の技術基準」とは，有線電気通信設備令で定める技術基準を適合するものを指しています．
> また，この技術基準は次の二つの事項が確保されているものとして定められています．
> 1. 有線電気通信設備は，他人の設置する有線電気通信設備に妨害を与えないようにすること．
> 2. 有線電気通信設備は，人体に危害を及ぼし，又は物件に損傷を与えないようにすること．

■解説■

設問にある①から④の各説明は，①から②：第6条（「設備の検査等」），③：第5条（「技術基準」），④：第7条（「設備の改善等の措置」），にそれぞれ対応します．

設問で示されている説明文と比較すると次のようになります．

① 第6条第1項および第3項に示される内容と一致しています．

② 第6条第2項に示される内容と一致しています．

③ 第5条第2項第一号に示される内容と一致しています．

④ 第7条から，以下の文面が異なります．

  条文：…，若しくは**物件に損傷を与える**と認めるときは，その妨害，危害又は**損傷の防止**又は除去のため必要な限度において，…

  設問：…，若しくは**通信の秘密の漏えいがある**と認めるときは，その妨害，危害又は**秘密の漏えいの防止**又は除去のため必要な限度において，…

よって，正解は　(ア)　④です．

【解答　④】

問4	「非常事態における通信の確保」	【R03-2　問5 (2)】 ☑☑☑

有線電気通信法に規定する「非常事態における通信の確保」について述べたものである．　☐☐☐☐☐☐☐　内の　(イ)，(ウ) に最も適したものを，下記の解答群から選び，その番号を記せ．

総務大臣は，天災，事変その他の非常事態が発生し，又は発生するおそれ

があるときは，有線電気通信設備を設置した者に対し，　（イ）　若しくは救援，交通，通信若しくは電力の供給の確保若しくは秩序の維持のために必要な通信を行い，又はこれらの通信を行うためその有線電気通信設備を　（ウ）　させ，若しくはこれを他の有線電気通信設備に接続すべきことを命ずることができる．

〈（イ），（ウ）の解答群〉
① 安定的に稼働　② 災害の予防　③ 避難の指示　④ 復興の支援
⑤ 改造又は修理　⑥ 人命の保護　⑦ 公衆に開放　⑧ 危険の回避
⑨ 他の者に使用　⑩ 無償で提供

参照するポイント

（非常事態における通信の確保）

重要！ 第八条　総務大臣は，天災，事変その他の非常事態が発生し，又は発生するおそれがあるときは，有線電気通信設備を設置した者に対し，**災害の予防若しくは救援，交通，通信若しくは電力の供給の確保若しくは秩序の維持のために必要な通**信を行い，又はこれらの通信を行うため**その有線電気通信設備を他の者に使用さ**せ，若しくはこれを他の有線電気通信設備に接続すべきことを命ずることができる．

（以下，省略）

解説

有線電気通信法の第8条では，非常事態における通信の確保に関する規定が記されています．

条文と設問を照らし合わせると，穴埋め箇所には次の言葉が入ることがわかります．

（イ）→　災害の予防

（ウ）→　他の者に使用

よって，正解は　（イ）②，（ウ）⑨となります．

【解答　イ：②，ウ：⑨】

| 問1 | 「定義」 | 【R元-2　問5 (3)】 | ✓✓✓ |

　　有線電気通信設備令又は有線電気通信設備令施行規則に規定する用語について述べた次の文章のうち，<u>誤っているもの</u>は，　　(エ)　　である

〈(エ) の解答群〉

① 低周波とは，周波数が 200 ヘルツ以下の電磁波をいい，音声周波とは，周波数が 200 ヘルツを超え，3,500 ヘルツ以下の電磁波をいう．

② 電線とは，有線電気通信（送信の場所と受信の場所との間の線条その他の導体を利用して，電磁的方式により信号を行うことを含む．）を行うための導体（絶縁物又は保護物で被覆されている場合は，これらの物を含む．）をいい，強電流電線に重畳される通信回線に係るものを含む．

③ 絶縁電線とは，絶縁物のみで被覆されている電線をいい，支持物とは，電柱，支線，つり線その他電線又は強電流電線を支持するための工作物をいう．

④ 線路とは，送信の場所と受信の場所との間に設置されている電線及びこれに係る中継器その他の機器（これらを支持し，又は保蔵するための工作物を含む．）をいう．

参照するポイント

（有線電気通信設備令：定義）

超重要! 第一条　この政令及びこの政令に基づく命令の規定の解釈に関しては，次の定義に従うものとする．

> **H** **覚えよう！**
> 有線電気通信設備令と有線電気通信設備令施行規則の各用語の定義を覚えよう．

　一　電線　有線電気通信（送信の場所と受信の場所との間の線条その他の導体を利用して，電磁的方式により信号を行うことを含む．）を行うための導体（絶縁物又は保護物で被覆されている場合は，これらの物を含む．）であつて，強電流電線に重畳される通信回線に係るもの以外のもの

二　絶縁電線　絶縁物のみで被覆されている電線

三　ケーブル　光ファイバ並びに光ファイバ以外の絶縁物及び保護物で被覆されている電線

四　強電流電線　強電流電気の伝送を行うための導体（絶縁物又は保護物で被覆されている場合は，これらの物を含む．）

五　線路　送信の場所と受信の場所との間に設置されている電線及びこれに係る中継器その他の機器（これらを支持し，又は保蔵するための工作物を含む．）

六　支持物　電柱，支線，つり線その他電線又は強電流電線を支持するための工作物

七　離隔距離　線路と他の物体（線路を含む．）とが気象条件による位置の変化により最も接近した場合におけるこれらの物の間の距離

八　音声周波　周波数が二〇〇ヘルツを超え，三，五〇〇ヘルツ以下の電磁波

九　高周波　周波数が三，五〇〇ヘルツを超える電磁波

十　絶対レベル　一の皮相電力の一ミリワットに対する比をデシベルで表わしたもの

十一　平衡度　通信回線の中性点と大地との間に起電力を加えた場合におけるこれらの間に生ずる電圧と通信回線の端子間に生ずる電圧との比をデシベルで表わしたもの

（有線電気通信設備令施行規則：定義）

第一条　この省令の規定の解釈に関しては，次の定義に従うものとする．

一　令　有線電気通信設備令（昭和二十八年政令第百三十一号）

二　強電流裸電線　絶縁物で被覆されていない強電流電線

三　強電流絶縁電線　絶縁物のみで被覆されている強電流電線

四　強電流ケーブル　絶縁物及び保護物で被覆されている強電流電線

五　電車線　電車にその動力用の電気を供給するために使用する接触強電流裸電線及び鋼索鉄道の車両内の装置に電気を供給するために使用する接触強電流裸電線

六　低周波　周波数が二〇〇ヘルツ以下の電磁波

七　最大音量　通信回線に伝送される音響の電力を別に告示するところにより測定した値

八　低圧　直流にあつては七五〇ボルト以下，交流にあつては六〇〇ボルト以下の電圧

九　高圧　直流にあつては七五〇ボルトを，交流にあつては六〇〇ボルトを超え，七,〇〇〇ボルト以下の電圧

十　特別高圧　七,〇〇〇ボルトを超える電圧

解説

有線電気通信設備令と有線電気通信設備令施行規則の第1条では，その法で用いられる用語の定義が示されています．

設問で示されている用語の説明と比較すると次のようになります．

① 有線電気通信設備令施行規則の第1条第六号（低周波）および有線電気通信設備令の第1条第八号（音声周波）に示される文面と一致しています．

② 有線電気通信設備令第1条第二号から，以下の文面について異なります．

条文：…，強電流電線に重畳される通信回線に係るもの**以外のもの**

設問：…，強電流電線に重畳される通信回線に係るもの**を含む**．

③ 有線電気通信設備令第1条第一号（絶縁電線）および第六号（支持物）に示される文面と一致しています．

④ 有線電気通信設備令第1条第五号に示される文面と一致しています．

よって，正解は　(エ)　②です．

【解答　②】

| 問2 | 「使用可能な電線の種類」「架空電線の支持物」「架空電線と他人の設置した架空電線等との関係」「海底電線」「架空電線の支持物と架空強電流電線との間の離隔距離」 | 【R03-2　問5 (4)】　☑☑☑ |

　有線電気通信設備令に規定する「架空電線の支持物」，「架空電線と他人の設置した架空電線等との関係」，「海底電線」若しくは「使用可能な電線の種類」，又は有線電気通信設備令施行規則に規定する「架空電線の支持物と架空強電流電線との間の離隔距離」について述べた次の文章のうち，正しいものは，　(オ)　である

① 架空電線の支持物には，取扱者が昇降に使用する足場金具等を地表上 2.5 メートル未満の高さに取り付けてはならない．ただし，総務省令で定める場合は，この限りでない．

② 架空電線は，他人の建造物との離隔距離が 60 センチメートル以下となるように設置してはならない．ただし，その他人の承諾を得たときは，この限りでない．

③ 海底電線は，他人の設置する海底電線又は海底強電流電線との水平距離が 500 メートル以下となるように設置してはならない．ただし，その他人の承諾を得たときは，この限りでない．

④ 有線電気通信設備に使用する電線は，絶縁電線又は強電流電線でなければならない．ただし，総務省令で定める場合は，この限りでない．

⑤ 架空強電流電線の使用電圧が高圧であって，架空強電流電線の種別が強電流ケーブルであるときは，架空電線の支持物と架空強電流電線（当該架空電線の支持物に架設されるものを除く．）との間の離隔距離は，60 センチメートル以上とすること．

■参照するポイント■

（有線電気通信設備令：使用可能な電線の種類）

重要! 第二条の二 有線電気通信設備に使用する電線は，絶縁電線又はケーブルでなければならない．ただし，総務省令で定める場合は，この限りでない．

（有線電気通信設備令：架空電線の支持物）

第五条 架空電線の支持物は，その架空電線が他人の設置した架空電線又は架空強電流電線と交差し，又は接近するときは，次の各号により設置しなければならない．ただし，その他人の承諾を得たとき，又は人体に危害を及ぼし，若しくは物件に損傷を与えないように必要な設備をしたときは，この限りでない．

一 他人の設置した架空電線又は架空強電流電線を挟み，又はこれらの間を通ることがないようにすること．

二 架空強電流電線（当該架空電線の支持物に架設されるものを除く．）との間の離隔距離は，総務省令で定める値以上とすること．

重要! 第六条　道路上に設置する電柱，架空電線と架空強電流線とを架設する電柱その他の総務省令で定める電柱は，総務省令で定める安全係数をもたなければならない．

　　2　前項の**安全係数は，**その電柱に架設する物の重量，電線の不平均張力及び総務省令で定める風圧荷重が加わるものとして計算するものとする．

> ⚠ **注意しよう！**
> 「架空電線の支持物」に関する条文は第5条から第7条の2までありますが，試験では第6条と第7条の2からよく出題されています．

重要! 第七条の二　架空電線の支持物には，取扱者が昇降に使用する足場金具等を**地表上一・八メートル未満の高さに取り付けてはならない．**ただし，総務省令で定める場合は，この限りでない．

（有線電気通信設備令：架空電線と他人の設置した架空電線等との関係）

重要! 第十条　架空電線は，他人の建造物との**離隔距離が三〇センチメートル以下**となるように設置してはならない．ただし，その他人の承諾を得たときは，この限りでない．

> ⚠ **注意しよう！**
> 「架空電線と他人の設置した架空電線等との関係」に関する条文は第9条から第13条までありますが，試験では第10条と第11条からよく出題されています．

第十一条　架空電線は，架空強電流電線と交差するとき，又は架空強電流電線との水平距離がその架空電線若しくは架空強電流電線の支持物のうちいずれか高いものの**高さに相当する距離以下**となるときは，総務省令で定めるところによらなければ，設置してはならない．

第十二条　架空電線は，総務省令で定めるところによらなければ，架空強電流電線と同一の支持物に架設してはならない．

（有線電気通信設備令：海底電線）

重要! 第十六条　海底電線は，他人の設置する海底電線又は海底強電流電線との**水平距離が五〇〇メートル以下**となるように設置してはならない．ただし，その他人の承諾を得たときは，この限りでない．

（有線電気通信設備令施行規則：架空電線の支持物と架空強電流電線との間の離隔距離）

第四条　令第五条第二号に規定する総務省令で定める値は，次の各号の場合において，それぞれ当該各号のとおりとする．

一　架空強電流電線の使用高圧が低圧又は高圧であるときは，次の表の上欄に掲げる架空強電流電線の使用電圧及び種別に従い，それぞれ同表の下欄に掲げる値以上とすること．

架空強電流電線の使用電圧及び種別		離隔距離
低圧		三〇センチメートル
高圧	**強電流ケーブル**	**三〇センチメートル**
	その他の強電流電線	六〇センチメートル

（以下，省略）

▆解説▆

　設問の内容が記載されている条文との対応は，①：有線電気通信設備令第7条の2（架空電線の支持物），②：有線電気通信設備令第10条（「架空電線と他人の設置した架空電線等との関係」），③：有線電気通信設備令第16条（「海底電線」），④：有線電気通信設備令第2条の2（「使用可能な電線の種類」），⑤：有線電気通信設備令施行規則第4条（架空電線の支持物と架空強電流電線との間の離隔距離）に該当します．

　設問で示されている用語の説明と比較すると次のようになります．

①　有線電気通信設備令第7条の2から，以下の文面について異なります．
　　条文：…使用する足場金具等を地表上**一・八メートル**未満の高さに…
　　設問：…使用する足場金具等を地表上**2.5メートル**未満の高さに…

②　有線電気通信設備令第10条から，以下の文面について異なります．
　　条文：…他人の建造物との離隔距離が**三〇センチメートル**以下と…
　　設問：…他人の建造物との離隔距離が**60センチメートル**以下と…

③　有線電気通信設備令第16条に示される文面と一致しています．

④　有線電気通信設備令第2条の2から，以下の文面について異なります．
　　条文：…使用する電線は，絶縁電線又は**ケーブル**でなければならない．…
　　設問：…使用する電線は，絶縁電線又は**強電流電線**でなければならな

い．…

⑤　有線電気通信設備令施行規則第 4 条から，「架空強電流電線の使用電圧及び種別」が "高圧"，"強電流ケーブル" の場合，「離間距離」は "30 センチメートル" と定めているため，異なります．

よって，正解は　(オ)　③です．

【解答　③】

問3	「通信回線の平衡度」「線路の電圧及び通信回線の電力」「屋内電線」	【R03-1　問 5 (4)】　☑☑☑

　有線電気通信設備令に規定する「線路の電圧及び通信回線の電力」，「通信回線の平衡度」，「地中電線」，「屋内電線」又は「架空電線と他人の設置した架空電線等との関係」について述べた次の文章のうち，<u>誤っているもの</u>は，　(オ)　である

〈(オ) の解答群〉

①　通信回線（導体が光ファイバであるものを除く．）の電力は，絶対レベルで表わした値で，その周波数が音声周波であるときは，プラス 10 デシベル以下，高周波であるときは，プラス 20 デシベル以下でなければならない．ただし，総務省令で定める場合は，この限りでない．

②　通信回線（導体が光ファイバであるものを除く．）の平衡度は，1,000 ヘルツの交流において 70 デシベル以上でなければならない．ただし，総務省令で定める場合は，この限りでない．

③　地中電線は，地中強電流電線との離隔距離が 30 センチメートル（その地中強電流電線の電圧が 7,000 ボルトを超えるものであるときは，60 センチメートル）以下となるように設置するときは，総務省令で定めるところによらなければならない．

④　屋内電線（光ファイバを除く．）と大地との間及び屋内電線相互間の絶縁抵抗は，直流 100 ボルトの電圧で測定した値で，1 メガオーム以上でなければならない．

⑤　架空電線は，架空強電流電線と交差するとき，又は架空強電流電線との水平距離がその架空電線若しくは架空強電流電線の支持物のうち

いずれか高いものの高さに相当する距離以下となるときは，総務省令で定めるところによらなければ，設置してはならない．

■参照するポイント■

（有線電気通信設備令：通信回線の平衡度）

第三条　通信回線（導体が光ファイバであるものを除く．以下同じ．）の平衡度は，一，〇〇〇ヘルツの交流において**三四デシベル以上**でなければならない．ただし，総務省令で定める場合は，この限りでない．

2　前項の平衡度は，総務省令で定める方法により測定するものとする．

（有線電気通信設備令：線路の電圧及び通信回線の電力）

第四条　通信回線の線路の電圧は，**一〇〇ボルト以下**でなければならない．ただし，電線としてケーブルのみを使用するとき，又は人体に危害を及ぼし，若しくは物件に損傷を与えるおそれがないときは，この限りでない．

2　通信回線の電力は，絶対レベルで表わした値で，**その周波数が音声周波であるときは，プラス一〇デシベル以下，高周波であるときは，プラス二〇デシベル以下**でなければならない．ただし，総務省令で定める場合は，この限りでない．

（有線電気通信設備令：地中電線）

第十四条　地中電線は，**地中強電流電線との離隔距離が三〇センチメートル**（その地中強電流電線の**電圧が七，〇〇〇ボルトを超える**ものであるときは，**六〇センチメートル**）以下となるように設置するときは，総務省令で定めるところによらなければならない．

（有線電気通信設備令：屋内電線）

重要!　第十七条　屋内電線（光ファイバを除く．以下この条において同じ．）と**大地との間及び屋内電線相互間の絶縁抵抗は，直流一〇〇ボルトの電圧で測定した値で，一メグオーム以上**でなければならない．

第十八条　屋内電線は，**屋内強電流電線との離隔距離**

⚠ **注意しよう！**
メグオーム（megohm）はメガオームに同じ．事業用電気通信設備規則ではメガオームと記載されており，法令によって表記が異なるので注意すること

が三〇センチメートル以下となるときは，総務省令で定めるところによらなければ，設置してはならない．

解説

　設問の内容が記載されている条文との対応は，①：有線電気通信設備令第4条（線路の電圧及び通信回線の電力），②：有線電気通信設備令第3条（「通信回線の平衡度」），③：有線電気通信設備令第14条（「地中電線」），④：有線電気通信設備令第17条（「屋内電線」），⑤：有線電気通信設備令第11条（架空電線と他人の設置した架空電線等との関係）に該当します．

　設問で示されている用語の説明と比較すると次のようになります．

① 有線電気通信設備令第4条第2項に示される文面と一致しています．

② 有線電気通信設備令第3条から，以下の文面について異なります．

条文：…平衡度は，一，〇〇〇ヘルツの交流において三四デシベル以上でなければならない．…

設問：…平衡度は，1,000ヘルツの交流において**70**デシベル以上でなければならない．…

③ 有線電気通信設備令第14条に示される文面と一致しています．

④ 有線電気通信設備令第17条に示される文面と一致しています．

⑤ 有線電気通信設備令第11条に示される文面と一致しています．

よって，正解は　(オ)②です．

【解答　②】

| 問4 | 「架空電線の高さ」 | 【R04-1　問5 (5)】 □□□ |

　有線電気通信設備令施行規則に規定する「架空電線の高さ」について述べた次のA～Cの文章は，　(カ)　．

　A　架空電線の高さは，架空電線が河川を横断するときは，舟行に支障を及ぼすおそれがない高さでなければならない．

　B　架空電線の高さは，架空電線が横断歩道橋の上にあるときは，その路面から2.5メートル以上でなければならない．

　C　架空電線の高さは，架空電線が道路上にあるときは，横断歩道橋の上

にあるときを除き，路面から5メートル（交通に支障を及ぼすおそれが少ない場合で工事上やむを得ないときは，歩道と車道との区別がある道路の歩道上においては，2.5メートル，その他の道路上においては，4.5メートル）以上でなければならない．

〈（カ）の解答群〉
① Aのみ正しい　　② Bのみ正しい　　③ Cのみ正しい
④ A，Bが正しい　　⑤ A，Cが正しい　　⑥ B，Cが正しい
⑦ A，B，Cいずれも正しい　　　　⑧ A，B，Cいずれも正しくない

参照するポイント

（有線電気通信設備令施行規則：架空電線の高さ）

重要! 第七条　令第八条に規定する総務省令で定める架空電線の高さは，次の各号によらなければならない．

　　一　架空電線が道路上にあるときは，横断歩道橋の上にあるときを除き，路面から**五メートル**（交通に支障を及ぼすおそれが少ない場合で工事上やむを得ないときは，歩道と車道との区別がある道路の歩道上においては，**二・五メートル**，その他の道路上においては，**四・五メートル**）以上であること．

　　二　架空電線が横断歩道橋の上にあるときは，その路面から**三メートル以上**であること．

　　三　架空電線が鉄道又は軌道を横断するときは，軌条面から**六メートル**（車両の運行に支障を及ぼすおそれがない高さが**六メートル**より低い場合は，その高さ）以上であること．

　　四　架空電線が河川を横断するときは，舟行に支障を及ぼすおそれがない高さであること．

解説

　「架空電線の高さ」の規定は，有線電気通信設備令施行規則の第7条に記載されています．

　設問で示されている説明文と比較すると次のようになります．

　A　第7条第四号に示される文面と一致しています．

B 第 7 条第二号から，以下の文面が異なります．

条文：…，横断歩道橋の上にあるときは，その路面から三メートル以上…

設問：…，横断歩道橋の上にあるときは，その路面から **2.5 メートル**…

C 第 7 条第一号に示される文面と一致しています．

よって，AとCが正しいため，正解は (カ) ⑤です．

【解答 ⑤】

| 問 5 | 「保安機能」 | 【R03-2 問 5 (5)】 ☑☑☑ |

有線電気通信設備令施行規則に規定する「保安機能」について述べた次のA〜Cの文章は， (カ) ．

A 有線電気通信設備には，有線電気通信設備令施行規則に規定するところにより保安装置を設置しなければならない．ただし，その線路が地中電線であって，架空電線と接続しないものである場合，又は導体が光ファイバである場合は，この限りでない．

B 有線電気通信設備の機器の金属製の台及びきょう体並びに架空電線のちょう架用線は，遮へいしなければならない．ただし，安全な場所に危険のないように設置する場合は，この限りでない．

C 架空地線に内蔵又は外接して設置される光ファイバを導体とする架空電線に接続する電線は，架空地線（当該架空電線の金属製部分を含む．）と電気的に接続してはならない．ただし，雷又は強電流電線との混触により，人体に危害を及ぼし，若しくは物件に損傷を与えるおそれがない場合は，この限りでない．

〈(カ) の解答群〉
① Aのみ正しい ② Bのみ正しい ③ Cのみ正しい
④ A，Bが正しい ⑤ A，Cが正しい ⑥ B，Cが正しい
⑦ A，B，Cいずれも正しい ⑧ A，B，Cいずれも正しくない

■ **参照するポイント**

（有線電気通信設備令施行規則：保安機能）

重要! 第十九条 令第十九条の規定により，有線電気通信設備には，第十五条，第十七

条及び次項第三号に規定するほか，次の各号に規定するところにより保安装置を設置しなければならない．ただし，その線路が地中電線であつて，架空電線と接続しないものである場合，又は導体が光ファイバである場合は，この限りでない．

（途中省略）

4　令第十九条の規定により，有線電気通信設備の機器の金属製の台及びきよう体並びに架空電線のちよう架用線は，**接地しなければならない**．ただし，安全な場所に危険のないように設置する場合は，この限りでない．

5　令第十九条の規定により，架空地線に内蔵又は外接して設置される光ファイバを導体とする架空電線に接続する電線は，架空地線（当該架空電線の金属製部分を含む．）と電気的に接続してはならない．ただし，雷又は強電流電線との混触により，人体に危害を及ぼし，若しくは物件に損傷を与えるおそれがない場合は，この限りでない．

解説

「保安機能」の規定は，有線電気通信設備令施行規則の第19条に記載されています．

　設問で示されている説明文と比較すると次のようになります．

　A　第19条第1項に示される文面と一致しています．

　B　第19条第4項から，以下の文面が異なります．

　　　条文：…架空電線のちよう架用線は，**接地**しなければならない．…

　　　設問：…架空電線のちよう架用線は，**遮へい**しなければならない．…

　C　第19条第5項に示される文面と一致しています．

　よって，AとCが正しいため，正解は　(カ)　⑤です．

【解答　⑤】

3章
その他の関連法規

3-1 電波法

| 問1 | 「定義」 | 【H30-2　問2 (2)】☑☑☑ |

　電波法に規定する用語について述べた次の文章のうち，<u>誤っているもの</u>は，　(ウ)　である．

〈(ウ) の解答群〉

① 電波とは，300万メガヘルツ以下の周波数の電磁波をいう．

② 無線局とは，無線設備及び無線設備の操作を行う者の総体をいい，受信のみを目的とするものを含まない．

③ 無線設備とは，無線電信，無線電話その他電波を利用して，他人の通信を媒介し，他人の通信の用に供するための電気的設備をいう．

④ 無線電信とは，電波を利用して，符号を送り，又は受けるための通信設備をいう．

⑤ 無線従事者とは，無線設備の操作又はその監督を行う者であって，総務大臣の免許を受けたものをいう．

■ **参照するポイント**

(定義)

(重要!) 第二条　この法律及びこの法律に基づく命令の規定の解釈に関しては，次の定義に従うものとする．

> **覚えよう!**
> 各用語の意義を覚えておきましょう．

一　「電波」とは，**三百万メガヘルツ以下**の周波数の電磁波をいう．

二　「無線電信」とは，電波を利用して，**符号を送り，又は受けるための通信**設備をいう．

三　「無線電話」とは，電波を利用して，**音声その他の音響を送り，又は受けるための通信**設備をいう．

四　「無線設備」とは，**無線電信，無線電話その他電波を送り，又は受けるための電気的設備**をいう．

五　「無線局」とは，**無線設備及び無線設備の操作を行う者の総体**をいう．但し，受信のみを目的とするものを含まない．

六 「無線従事者」とは，無線設備の操作又はその監督を行う者であつて，総務大臣の免許を受けたものをいう．

解説

設問の内容は，電波法の第2条「定義」に記載されている各用語に関する設問です．

設問で示されている用語の説明と比較すると次のようになります．

① 第2条第一号に示されている文面と一致しています．

② 第2条第五号に示されている文面と一致しています．

③ 第2条第四号から，以下の文面について異なります．

条文：…その他電波を**送り，又は受ける**ための電気的設備をいう．

設問：…その他電波を**利用して，他人の通信を媒介し，他人の通信の用に供する**ための電気的設備をいう．

④ 第2条第二号に示されている文面と一致しています．

⑤ 第2条第六号に示されている文面と一致しています．

よって，正解は　(ウ)③です．

【解答　③】

問2	「電波の質」「受信設備の条件」	【R04-1　問2 (2)】 ☑☑☑

次の(i)，(ii)の文章は，電波法に規定する「電波の質」又は「受信設備の条件」について述べたものである．◯◯◯◯内の（イ），（ウ）に最も適したものを，下記の解答群から選び，その番号を記せ．

(i) 送信設備に使用する電波の周波数の偏差及び　(イ)　，高調波の強度等電波の質は，総務省令で定めるところに適合するものでなければならない．

(ii) 受信設備は，その副次的に発する電波又は高周波電流が，総務省令で定める限度をこえて他の無線設備の　(ウ)　を与えるものであってはならない．

〈（イ），（ウ）の解答群〉

① 許容値　　② 運用に妨害　　③ 幅　　④ 利用者に迷惑

⑤　型式　　　⑥　機能に支障　　　⑦　電力　　　⑧　誤差

⑨　損壊又は故障の要因　　　⑩　利便性の確保に不利益

参照するポイント

（電波の質）

重要! 第二十八条　送信設備に使用する電波の周波数の**偏差及び幅**，**高調波の強度**等電波の質は，総務省令で定めるところに適合するものでなければならない．

（受信設備の条件）

第二十九条　受信設備は，その副次的に発する**電波又は高周波電流**が，総務省令で定める限度をこえて**他の無線設備の機能に支障を与える**ものであつてはならない．

解説

「電波の質」と「受信設備の条件」は，電波法の第 28 条と第 29 条に記述されており，設問の(ⅰ)と(ⅱ)の説明文にそれぞれ対応します．

条文と設問を照らし合わせると，穴埋め箇所には次の言葉が入ることがわかります．

（イ）→　幅

（ウ）→　機能に支障

よって，正解は　(イ) ③，(ウ) ⑥ となります．

【解答　イ：③，ウ：⑥】

| 問3 | 「目的外使用の禁止等」 | 【R03-2　問2 (2)】 ☑☑☑ |

電波法の「目的外使用の禁止等」において規定する用語について述べた次のA～Cの文章は，　(ウ)　．

A　安全通信とは，鉄道又は自動車の通行に対する重大な危険を予防するために安全信号を前置する方法その他総務省令で定める方法により行う無線通信をいう．

B　非常通信とは，地震，台風，洪水，津波，雪害，火災，暴動その他非

常の事態が発生し，又は発生するおそれがある場合において，有線通信を利用することができないか又はこれを利用することが著しく困難であるときに人命の救助，災害の救援，交通通信の確保又は秩序の維持のために行われる無線通信をいう．

C　遭難通信とは，船舶又は航空機が重大かつ急迫の危険に陥るおそれがある場合その他緊急の事態が発生するおそれがある場合に遭難信号を前置する方法その他総務省令で定める方法により行う無線通信をいう．

〈（ウ）の解答群〉
① Aのみ正しい　　② Bのみ正しい　　③ Cのみ正しい
④ A，Bが正しい　⑤ A，Cが正しい　⑥ B，Cが正しい
⑦ A，B，Cいずれも正しい　　⑧ A，B，Cいずれも正しくない

参照するポイント

（目的外使用の禁止等）

重要! 第五十二条　無線局は，免許状に記載された目的又は通信の相手方若しくは通信事項（特定地上基幹放送局については放送事項）の範囲を超えて運用してはならない．ただし，次に掲げる通信については，この限りでない．

一　遭難通信（船舶又は航空機が重大かつ急迫の危険に陥つた場合に遭難信号を前置する方法その他総務省令で定める方法により行う無線通信をいう．以下同じ．）

二　緊急通信（船舶又は航空機が重大かつ急迫の危険に陥るおそれがある場合その他緊急の事態が発生した場合に緊急信号を前置する方法その他総務省令で定める方法により行う無線通信をいう．以下同じ．）

三　安全通信（船舶又は航空機の航行に対する重大な危険を予防するために安全信号を前置する方法その他総務省令で定める方法により行う無線通信をいう．以下同じ．）

四　非常通信（地震，台風，洪水，津波，雪害，火災，暴動その他非常の事態が発生し，又は発生するおそれがある場合において，有線通信を利用することができないか又はこれを利用することが著しく困難であるときに人命の救助，災害の救援，交通通信の確保又は秩序の維持のために行われる無線通信をいう．以下同じ．）

五　放送の受信

六　その他総務省令で定める通信

解説

「目的外使用の禁止等」の規定は，電波法の第 52 条に記載されています．

設問で示されている説明文と比較すると次のようになります．

A　第 52 条第三号から，以下の文面について異なります．

条文：安全通信（**船舶又は航空機の航行**に対する…

設問：安全通信とは，**鉄道又は自動車の通行**に対する…

B　第 52 条第四号に示される文面と一致しています．

C　第 52 条第一号から，以下の文面について異なります．

条文：…重大かつ急迫の危険に**陥つた**場合に…

設問：…重大かつ急迫の危険に**陥るおそれがある場合その他緊急の事態が発生するおそれがある**場合に…

よって，B のみが正しいため，正解は　(ウ)　②です．

【解答　②】

Note...

問1 「連合の目的」 　　　　　　　　　　　　【R04-1 問2 (3)】 ☑☑☑

国際電気通信連合憲章に規定する「連合の目的」について述べた次のA～Cの文章は，　　(エ)　　．

A　電気通信の分野において開発途上国に対する技術援助を促進し及び提供すること，その実施に必要な物的資源，人的資源及び資金の移動を促進すること並びに情報の取得を促進すること．

B　電気通信業務の能率を増進し，その有用性を増大し，及び公衆によるその利用をできる限り普及するため，技術的手段の発達及びその最も能率的な運用を促進すること．

C　すべての種類の電気通信の改善及び合理的利用のため，すべての構成国の間における国際協力を維持し及び増進すること．

〈(エ) の解答群〉
① Aのみ正しい　　② Bのみ正しい　　③ Cのみ正しい
④ A，Bが正しい　⑤ A，Cが正しい　⑥ B，Cが正しい
⑦ A，B，Cいずれも正しい　　⑧ A，B，Cいずれも正しくない

■ **参照するポイント**

（連合の目的）

第1条

1　連合の目的は，次のとおりとする．

　(a)　すべての種類の電気通信の改善及び合理的利用のため，**すべての構成国の間における国際協力**を維持し及び増進すること．

　（途中，省略）

　(b)　電気通信の分野において開発途上国に対する**技術援助**を促進し及び提供すること，その実施に必要な**物的資源**，**人的資源及び資金の移動**を促進すること並びに**情報の取得**を促進すること．

　(c)　電気通信業務の能率を増進し，その**有用性を増大し**，及び公衆によるその

利用をできる限り普及するため，**技術的手段の発達及びその最も能率的な運用を促進**すること．

（以下，省略）

■ **解説**

国際電気通信連合憲章の第1条には，「連合の目的」が記載されています．設問で示されている説明文と比較すると次のようになります．

A　第1条第1項(b)に示される文面と一致しています．

B　第1条第1項(c)に示される文面と一致しています．

C　第1条第1項(a)に示される文面と一致しています．

よって，A，B，Cいずれも正しいため，正解は＿(エ)　⑦です．

【解答　⑦】

問2	「国際電気通信業務を利用する公衆の権利」「責任」「人命の安全に関する電気通信の優先順位」「有害な混信」「遭難の呼出し及び通報」	【R03-2　問2 (3)】 ☑☑☑

　国際電気通信連合憲章に規定する「国際電気通信業務を利用する公衆の権利」，「責任」，「人命の安全に関する電気通信の優先順位」，「有害な混信」又は「遭難の呼出し及び通報」について述べた次の文章のうち，正しいものは，￣(エ)￣である．

〈(エ)の解答群〉

① 構成国は，公衆に対し，国際公衆通信業務によって通信する権利を承認する．各種類の通信において，業務，料金及び保障は，自国の利用者に対し，優先的に便益を供与する権利を有する．

② 構成国は，国際電気通信業務の利用者に対し，特に損害賠償の請求に関しては，責任に基づく義務を果たす．

③ 国際電気通信業務は，海上，陸上，空中及び宇宙空間における人命の安全に関するすべての電気通信並びに世界保健機関の伝染病に関する特別に緊急な電気通信に対し，絶対的優先順位を与えなければならない．

④ すべての局は，その目的のいかんを問わず，他の構成国，認められ

た事業体その他正当に許可を得て，かつ，無線通信規則に従って無線
通信業務を行う事業体の無線通信又は無線業務にいかなる混信も生じ
させないように設置し及び運用しなければならない．

⑤　無線通信の局は，遭難の呼出し及び通報を，いずれから発せられた
かを問わず，絶対的優先順位において受信し，同様にこの通報に応答
し，及び構成国に通知する義務を負う．

▓▓ 参照するポイント ▓▓

（国際電気通信業務を利用する公衆の権利）

重要！第33条　構成国は，公衆に対し，国際公衆通信業務によって**通信する権利を承
認する**．各種類の通信において，**業務，料金及び保障は**，すべての利用者に対
し，いかなる**優先権又は特恵も与えることなく同一**とする．

（責任）

第36条　構成国は，国際電気通信業務の利用者に対し，特に損害賠償の請求に
関しては，**いかなる責任も負わない**．

（人命の安全に関する電気通信の優先順位）

第40条　国際電気通信業務は，海上，陸上，空中及び宇宙空間における人命の
安全に関するすべての電気通信並びに世界保健機関の伝染病に関する特別に緊急
な電気通信に対し，絶対的優先順位を与えなければならない．

（有害な混信）

第45条

1　すべての局は，その目的のいかんを問わず，他の構成国，認められた事業体
その他正当に許可を得て，かつ，無線通信規則に従って無線通信業務を行う
事業体の無線通信又は無線業務に**有害な混信を生じさせない**ように設置し及
び運用しなければならない．

　（以下，省略）

（遭難の呼出し及び通報）

第46条　無線通信の局は，遭難の呼出し及び通報を，いずれから発せられたか

を問わず，**絶対的優位順位において受信し**，同様にこの通報に応答し，**及び直ち
に必要な措置をとる義務を負う**．

■解説■

　設問の内容が記載されている条文との対応は，①：第33条（「国際電気通信
業務を利用する公衆の権利」），②：第36条（「責任」），③：第40条（「人命の
安全に関する電気通信の優先順位」），④：第45条（有害な混信），⑤：第46条
（「遭難の呼出し及び通報」）に該当します．

　設問で示されている用語の説明と比較すると次のようになります．

①　第33条から，以下の文面について異なります．

　　条文：…業務，料金及び保障は，**すべての利用者に対し，いかなる優先権
　　又は特恵も与えることなく同一**とする．

　　設問：…業務，料金及び保障は，**自国の利用者に対し，優先的に便益を供
　　与する権利を有する**．

②　第36条から，以下の文面について異なります．

　　条文：…特に損害賠償の請求に関しては，**いかなる責任も負わない**．

　　設問：…特に損害賠償の請求に関しては，**責任に基づく義務を果たす**．

③　第40条に示される文面と一致しています．

④　第45条第1項から，以下の文面について異なります．

　　条文：…無線業務に**有害な混信を**生じさせないように設置し及び運用しな
　　ければならない．

　　設問：…無線業務に**いかなる混信も**生じさせないように設置し及び運用し
　　なければならない．

⑤　第46条から，以下の文面について異なります．

　　条文：…同様にこの通報に応答し，及び**直ちに必要な措置をとる**義務を負
　　う．

　　設問：…同様にこの通報に応答し，及び**構成国に通知する**義務を負う．

　よって，正解は＿(エ)＿③です．

【解答　③】

| 問3 | 「電気通信の停止」「電気通信路及び電気通信設備の設置，運用及び保護」 | 【R元-2　問2 (3)】 □□□ |

国際電気通信連合憲章に規定する「電気通信の停止」及び「電気通信路及び電気通信設備の設置，運用及び保護」について述べた次のA～Cの文章は， (ウ) ．

A 構成国は，国内法令に従って，国の安全を害すると認められる私報又はその法令，公の秩序若しくは善良の風俗に反すると認められる私報の伝送を停止する権利を留保する．この場合には，私報の全部又は一部の停止を直ちに発信局に通知する．ただし，その通知が国の安全を害すると認められる場合は，この限りでない．

B 構成国は，国際電気通信の迅速かつ不断の交換を確保するために必要な通信路及び設備を最良の技術的条件で設置するため，有用な措置をとる．

C 国際電気通信の迅速かつ不断の交換を確保するために設置された通信路及び設備は，できる限り，実際の運用上の経験から最良と認められた方法及び手続によって運用し，良好に使用することができる状態に維持し，並びに科学及び技術の進歩に合わせて進歩していくようにしなければならない．

〈(ウ) の解答群〉
① Aのみ正しい　② Bのみ正しい　③ Cのみ正しい
④ A，Bが正しい　⑤ A，Cが正しい　⑥ B，Cが正しい
⑦ A，B，Cいずれも正しい　　⑧ A，B，Cいずれも正しくない

参照するポイント

（電気通信の停止）

第三十四条

1 構成国は，国内法令に従って，国の安全を害すると認められる私報又はその法令，公の秩序若しくは善良の風俗に反すると認められる私報の伝送を停止する権利を留保する．この場合には，私報の全部又は一部の停止を直ちに発信局に通知する．ただし，その通知が国の安全を害すると認められる場合

は，この限りでない．

2 構成国は，また，国内法令に従って，他の私用の電気通信であって国の安全を害すると認められるもの又はその法令，公の秩序若しくは善良の風俗に反すると認められるものを切断する権利を留保する．

（電気通信路及び電気通信設備の設置，運用及び保護）

第三十八条

1 構成国は，国際電気通信の迅速なかつ不断の交換を確保するために必要な通信路及び設備を最良の技術的条件で設置するため，有用な措置をとる．

2 第一八六号の通信路及び設備は，できる限り，実際の運用上の経験から最良と認められた方法及び手続によって運用し，良好に使用することができる状態に維持し，並びに科学及び技術の進歩に合わせて進歩していくようにしなければならない．

⚠️ 注意しよう！
「第一八六号」とは，第1項のことを指しています．

3 構成国は，その管轄の範囲内において，第一八六号の通信路及び設備を保護する．

4 すべての構成国は，特別の取極による別段の定めがある場合を除くほか，その管理の範囲内にある国際電気通信回線の部分の維持を確保するために有用な措置をとる．構成国は，すべての種類の電気機器及び電気設備の運用が他の構成国の管轄内にある電気通信設備の運用を混乱させることを防ぐため，実行可能な措置をとることの必要性を認める．

解説

国際電気通信連合憲章の第34条には「電気通信の停止」，第38条には「電気通信路及び電気通信設備の設置，運用及び保護」が記載されています．

設問で示されている説明文と比較すると次のようになります．

A 第34条第1項に示される文面と一致しています．

B 第38条第1項に示される文面と一致しています．

C 第38条第2項に示される文面と一致しています．

よって，A，B，Cいずれも正しいため，正解は (ウ) ⑦ です．

【解答 ⑦】

| 問 4 | 「電気通信の秘密」 | 【H31-1 問2 (3)】 ☑☑☑ |

次の(i), (ii)の文章は, 国際電気通信連合憲章に規定する「国際電気通信業務を利用する公衆の権利」及び「電気通信の秘密」について述べたものである. 同憲章の規定に照らし, ☐☐☐☐内の (エ), (オ) に最も適したものを, 下記の解答群から選び, その番号を記せ.

(i) 構成国は, 公衆に対し, 国際公衆通信業務によって通信する権利を承認する. 各種類の通信において, 業務, ☐☐(エ)☐☐は, すべての利用者に対し, いかなる優先権又は特恵も与えることなく同一とする.

(ii) 構成国は, 国際通信の秘密を確保するため, 使用される電気通信の ☐☐(オ)☐☐するすべての可能な措置をとることを約束する.

〈(エ), (オ) の解答群〉
① システムに適合　② 規約及び約款　③ 国際法に準拠　④ 方式及び機能
⑤ 犯罪防止に対応　⑥ 標準化に寄与　⑦ 料金及び保障　⑧ 維持及び運用
⑨ 技術基準に規定　　　　⑩ サービス及び品質

参照するポイント

(電気通信の秘密)

重要! 第37条

1 構成国は, **国際通信の秘密を確保するため**, 使用される**電気通信のシステムに適合**するすべての可能な措置をとることを約束する.

2 もっとも, 構成国は, 国内法令の適用又は自国が締約国である国際条約の実施を確保するため, 国際通信に関し, 権限のある当局に通報する権利を留保する.

覚えよう!
第2項についても過去に出題されています.

解説

「国際電気通信業務を利用する公衆の権利」は第33条,「電気通信の秘密」は第37条に示されています.

条文と設問を照らし合わせると, 穴埋め箇所には次の言葉が入ることがわかります.

（エ）→　料金及び保障

（オ）→　システムに適合

よって，正解は　(エ)　⑦，(オ)　①となります．

【解答　エ：⑦，オ：①】

Note...

| 問1 | 「目的」「定義」「識別符号の入力を不正に要求する行為の禁止」【H31-1 問2(4)】 | ✓✓✓ |

不正アクセス行為の禁止等に関する法律に規定する事項について述べた次の文章のうち，誤っているものは，　（カ）　である．

〈（カ）の解答群〉

① この法律は，不正アクセス行為を禁止するとともに，これについての罰則及びその再発防止のための都道府県公安委員会による援助措置等を定めることにより，電気通信回線を通じて行われる電子計算機に係る犯罪の防止及びアクセス制御機能により実現される電気通信に関する秩序の維持を図り，もって高度情報通信社会の健全な発展に寄与することを目的とする．

② 何人も，アクセス制御機能を特定電子計算機に付加したアクセス管理者になりすまし，その他当該アクセス管理者であると誤認させて，当該アクセス管理者が当該アクセス制御機能に係る識別符号を付された利用権者に対し当該識別符号を特定電子計算機に入力することを求める旨の情報を，インターネットにより当該利用権者が閲覧できるようにする行為をしてはならない．ただし，当該アクセス管理者の承諾を得てする場合は，この限りでない．

③ 電気通信回線を介して接続された他の特定電子計算機が有するアクセス制御機能によりその特定利用を制限されている特定電子計算機に電気通信回線を通じてその制限を免れることができる情報又は指令を入力して当該特定電子計算機を作動させ，その制限されている特定利用をし得る状態にさせる行為（当該アクセス制御機能を付加したアクセス管理者がするもの及び当該アクセス管理者の承諾を得てするものを除く．）は，不正アクセス行為に該当する行為である．

④ アクセス制御機能を有する特定電子計算機に電気通信回線を通じて当該アクセス制御機能に係る他人の識別符号を入力して当該特定電子計算機を作動させ，当該アクセス制御機能により制限されている特定

利用をし得る状態にさせる行為（当該アクセス制御機能を付加したアクセス管理者がするもの及び当該アクセス管理者又は当該識別符号に係る利用権者の承諾を得てするものを除く．）は，不正アクセス行為に該当する行為である．

参照するポイント

（目的）

重要! 第一条　この法律は，不正アクセス行為を禁止するとともに，これについての罰則及びその再発防止のための**都道府県公安委員会による援助措置等を定めること**により，**電気通信回線を通じて行われる電子計算機に係る犯罪の防止及びアクセス制御機能**により実現される電気通信に関する**秩序の維持を図り**，もって**高度情報通信社会の健全な発展に寄与**することを目的とする．

（定義）

超重要! 第二条　この法律において「アクセス管理者」とは，電気通信回線に接続している電子計算機（以下「特定電子計算機」という．）の利用（当該電気通信回線を通じて行うものに限る．以下「特定利用」という．）につき当該特定電子計算機の動作を管理する者をいう．

　（途中，省略）

4　この法律において「不正アクセス行為」とは，次の各号のいずれかに該当する行為をいう．

> **覚えよう!**
> 「不正アクセス行為」に該当する内容はよく出題されます．覚えておきましょう．

　一　アクセス制御機能を有する特定電子計算機に電気通信回線を通じて当該アクセス制御機能に係る**他人の識別符号を入力**して当該特定電子計算機を作動させ，当該アクセス制御機能により制限されている**特定利用をし得る状態にさせる行為**（当該アクセス制御機能を付加したアクセス管理者がするもの及び当該アクセス管理者又は**当該識別符号に係る利用権者の承諾**を得てするものを除く．）

　（途中，省略）

　三　電気通信回線を介して接続された他の特定電子計算機が有するアクセス制御機能によりその特定利用を制限されている特定電子計算機に電気通信回線を通じてその制限を免れることができる情報又は指令を入力して当該特定電子計算機を作動させ，その制限されている特定利用をし得る状態にさ

せる行為

（識別符号の入力を不正に要求する行為の禁止）

第七条 何人も，アクセス制御機能を特定電子計算機に付加したアクセス管理者になりすまし，その他当該アクセス管理者であると誤認させて，次に掲げる行為をしてはならない．ただし，当該アクセス管理者の承諾を得てする場合は，この限りでない．

一 当該アクセス管理者が当該アクセス制御機能に係る識別符号を付された利用権者に対し当該識別符号を特定電子計算機に入力することを求める旨の情報を，電気通信回線に接続して行う自動公衆送信（公衆によって直接受信されることを目的として公衆からの求めに応じ自動的に送信を行うことをいい，放送又は有線放送に該当するものを除く．）を利用して公衆が閲覧することができる状態に置く行為

二 当該アクセス管理者が当該アクセス制御機能に係る識別符号を付された利用権者に対し当該識別符号を特定電子計算機に入力することを求める旨の情報を，電子メール（特定電子メールの送信の適正化等に関する法律（平成十四年法律第二十六号）第二条第一号に規定する電子メールをいう．）により当該利用権者に送信する行為

■■ **解説**

設問の内容が記載されている条文との対応は，①：第1条（「目的」），②：第7条（「識別符号の入力を不正に要求する行為の禁止」），③から④：第2条（「定義」），に該当します．

設問で示されている用語の説明と比較すると次のようになります．

① 第1条に示される文面と一致しています．

② 第7条第一号から，以下の文面について異なります．

条文：…求める旨の情報を，**電気通信回線に接続して行う自動公衆送信（公衆によって直接受信されることを目的として公衆からの求めに応じ自動的に送信を行うことをいい，放送又は有線放送に該当するものを除く．）を利用して公衆が閲覧することができる状態に置く行為**

設問：…求める旨の情報を，**インターネットにより当該利用権者が閲覧で**きるようにする行為をしてはならない．

③ 第2条第4項第三号に示される文面と一致しています.

④ 第2条第4項第一号に示される文面と一致しています.

よって,正解は (カ) ②です.

【解答 ②】

問2	「不正アクセス行為を助長する行為の禁止」「他人の識別符号を不正に保管する行為の禁止」「アクセス管理者による防御措置」「都道府県公安委員会による援助」	【R元-2 問2 (4)】 ☑☑☑

　不正アクセス行為の禁止等に関する法律に規定する事項について述べた次の文章のうち,誤っているものは, (エ) である.

〈(エ) の解答群〉

① 何人も,業務その他正当な理由による場合を除いては,アクセス制御機能に係る他人の識別符号を,当該アクセス制御機能に係るアクセス管理者及び当該識別符号に係る利用権者以外の者に提供してはならない.

② 何人も,不正アクセス行為の用に供する目的で,不正に取得されたアクセス制御機能に係る他人の識別符号を保管してはならない.

③ アクセス制御機能を特定電子計算機に付加したアクセス管理者は,当該アクセス制御機能に係る識別符号又はこれを当該アクセス制御機能により転送するために用いる符号の適正な管理に努めるとともに,常に当該アクセス制御設備の保守管理を励行し,必要があると認めるときは速やかにその設備の高度化その他当該特定電子計算機を不正アクセス行為から防御するため必要な措置を講ずるよう努めるものとする.

④ 国家公安委員会,総務大臣及び経済産業大臣は,アクセス制御機能を有する特定電子計算機の不正アクセス行為からの防御に資するため,毎年少なくとも1回,不正アクセス行為の発生状況及びアクセス制御機能に関する技術の研究開発の状況を公表するものとする.

■■参照するポイント■■

(不正アクセス行為を助長する行為の禁止)

第五条 何人も,業務その他正当な理由による場合を除いては,アクセス制御機

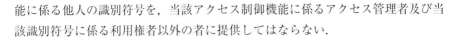

能に係る他人の識別符号を，当該アクセス制御機能に係るアクセス管理者及び当該識別符号に係る利用権者以外の者に提供してはならない．

（他人の識別符号を不正に保管する行為の禁止）
第六条　何人も，不正アクセス行為の用に供する目的で，不正に取得されたアクセス制御機能に係る他人の識別符号を保管してはならない．

（アクセス管理者による防御措置）
重要！第八条　アクセス制御機能を特定電子計算機に付加したアクセス管理者は，当該**アクセス制御機能に係る識別符号**又はこれを当該アクセス制御機能により確認するために用いる符号の適正な管理に努めるとともに，**常に当該アクセス制御機能の有効性を検証**し，必要があると認めるときは速やかにその機能の高度化その他当該特定電子計算機を不正アクセス行為から防御するため必要な措置を講ずるよう努めるものとする．

（都道府県公安委員会による援助等）
重要！第十条　国家公安委員会，総務大臣及び経済産業大臣は，アクセス制御機能を有する特定電子計算機の不正アクセス行為からの防御に資するため，**毎年少なくとも一回**，不正アクセス行為の発生状況及びアクセス制御機能に関する技術の研究開発の状況を公表するものとする．
　　（以下，省略）

> ⚠ **注意しよう！**
> 「都道府県公安委員会による援助等」の条文は第9条および第10条に記されています．

解説

　設問の内容が記載されている条文との対応は，①：第5条（「不正アクセス行為を助長する行為の禁止」），②：第6条（「他人の識別符号を不正に保管する行為の禁止」），③：第8条（「アクセス管理者による防御措置」），④：第10条（「都道府県公安委員会による援助等」），に該当します．
　設問で示されている用語の説明と比較すると次のようになります．
　①　第5条に示される文面と一致しています．
　②　第6条に示される文面と一致しています．

③ 第8条から，以下の文面について異なります．

条文：…これを当該アクセス制御機能により**確認**するために用いる符号の適正な管理に努めるとともに，常に当該アクセス制御**機能の有効性を検証**し，必要があると認めるときは速やかにその**機能の高度化**…

設問：…これを当該アクセス制御機能により**転送**するために用いる符号の適正な管理に努めるとともに，常に当該アクセス制御**設備の保守管理を励行**し，必要があると認めるときは速やかにその**設備の高度化**…

④ 第10条第1項に示される文面と一致しています．

よって，正解は ＿(エ)　③＿です．

【解答　③】

Note...

| 問1 | 「目的」 | 【R03-1 問2 (5)】 ☑☑☑ |

次の文章は，電子署名及び認証業務に関する法律に規定する「目的」について述べたものである．□□□内の（カ），（キ）に最も適したものを，下記の解答群から選び，その番号を記せ．

電子署名及び認証業務に関する法律は，電子署名に関し，電磁的記録の□（カ）□，特定認証業務に関する認定の制度その他必要な事項を定めることにより，電子署名の円滑な利用の確保による情報の電磁的方式による□（キ）□の促進を図り，もって国民生活の向上及び国民経済の健全な発展に寄与することを目的とする．

〈（カ），（キ）の解答群〉

① 電子商取引　　　　　　② 複製又は持出しの防止対策
③ 不正利用の防止　　　　④ 真正な成立の推定
⑤ 情報化の均衡ある発展　⑥ 不正アクセス行為の禁止
⑦ 個人番号の利用　　　　⑧ 高度情報通信社会
⑨ 流通及び情報処理　　　⑩ 保護及び適正な管理

参照するポイント

（目的）

重要！ 第一条　この法律は，電子署名に関し，**電磁的記録の真正な成立の推定**，特定認証業務に関する認定の制度その他必要な事項を定めることにより，電子署名の円滑な利用の確保による情報の電磁的方式による**流通及び情報処理の促進を図り**，もって国民生活の向上及び国民経済の健全な発展に寄与することを目的とする．

解説

第1条は，本法の「目的」について明記されています．

条文と設問を照らし合わせると，穴埋め箇所には次の言葉が入ることがわかります．

（カ） → 真正な成立の推定

（キ） → 流通及び情報処理

よって，正解は （カ） ④，（キ） ⑨ となります．

【解答 カ：④，キ：⑨】

問2	「定義」	【R02-2 問2 (5)】 ☑☑☑

　次の文章は，電子署名及び認証業務に関する法律に規定する「電子署名の定義」について述べたものである．￣￣￣￣￣内の（キ），（ク）に最も適したものを，下記の解答群から選び，その番号を記せ．

　電子署名とは，電磁的記録（電子的方式，磁気的方式その他人の知覚によっては認識することができない方式で作られる記録であって，電子計算機による情報処理の用に供されるものをいう．）に ＿（キ）＿ ついて行われる措置であって，次の要件のいずれにも該当するものをいう．

(ⅰ) 当該情報が当該措置を行った者の作成に係るものであることを示すためのものであること．

(ⅱ) 当該情報について改変が行われていないかどうかを ＿（ク）＿ することができるものであること．

〈（キ），（ク）の解答群〉
① 保存することができる文書　② 証明　③ 確認　④ 精査
⑤ 接続することができる情報　⑥ 保障　⑦ 記録することができる情報
⑧ 登録することができる氏名　⑨ 立証　⑩ 変換することができる暗号

■参照するポイント

（定義）

超重要 第二条　この法律において「**電子署名**」とは，電磁的記録（電子的方式，磁気的方式その他人の知覚によっては認識することができない方式で作られる記録であって，電子計算機による情報処理の用に供されるものをいう．以下同じ．）に**記録することができる情報について行われる措置**であって，次の要件のいずれにも該当するものをいう．

> **覚えよう！**
> 「電子署名」「認証業務」「特定認証業務」の意義について，しっかりと覚えましょう．

一　当該情報が当該措置を行った者の作成に係るものであることを示すための
ものであること.

二　当該情報について改変が行われていないかどうかを確認することができる
ものであること.

2　この法律において「**認証業務**」とは，自らが行う電子署名についてその業務
を利用する者（以下「利用者」という.）その他の者の求めに応じ，当該利
用者が電子署名を行ったものであることを確認するために用いられる事項が
当該利用者に係るものであることを証明する業務をいう.

3　この法律において「**特定認証業務**」とは，電子署名のうち，その方式に応じ
て**本人だけが行う**ことができるものとして主務省令で定める基準に適合する
ものについて行われる認証業務をいう.

参 考

「特定認証業務」は「電子署名及び認証業務に関する施行規則」の第2条において規定が定められて
おり，電子署名で用いられる暗号化方式の安全性について，次の数学的未解決問題に基づく困難性を
有するものでなければならないと示されています.
① 素因数分解問題
② 有限対上の離散対数問題
③ 楕円曲線上の離散対数問題
これらは，暗号方式の一つである公開鍵暗号方式に用いられる暗号技術に相当します.
また，上記のほかに，主務大臣が困難性を有するものとして認めた場合も該当します.

解説

　第2条は，本法で用いられる用語（「電子署名」「認証業務」「特定認証業務」）
の意義が定義されています.

　電子署名に関する説明は，第2条第1項に対応します.

　条文と設問を照らし合わせると，穴埋め箇所には次の言葉が入ることがわかり
ます.

　（キ）→　記録することができる情報

　（ク）→　確認

　よって，正解は (キ) ⑦, (ク) ③となります.

【解答　キ：⑦，ク：③】

　電子署名及び認証業務に関する法律に規定する「定義」又は「電磁的記録の真正な成立の推定」について述べた次の文章のうち，<u>誤っているものは</u>，<u>（カ）</u>である．

〈（カ）の解答群〉

① 認証業務とは，自らが行う電子署名についてその業務を利用する者（以下「利用者」という．）その他の者の求めに応じ，当該利用者が電子署名を行ったものであることを確認するために用いられる事項が当該利用者に係るものであることを証明する業務をいう．

② 特定認証業務とは，電子署名のうち，その方式に応じて本人及び指定審査機関の審査項目に適合する者が行うことができるものとして主務省令で定める基準に適合するものについて行われる認証業務をいう．

③ 電磁的記録とは，電子的方式，磁気的方式その他人の知覚によっては認識することができない方式で作られる記録であって，電子計算機による情報処理の用に供されるものをいう．

④ 電磁的記録であって情報を表すために作成されたもの（公務員が職務上作成したものを除く．）は，当該電磁的記録に記録された情報について本人による電子署名（これを行うために必要な符号及び物件を適正に管理することにより，本人だけが行うことができることとなるものに限る．）が行われているときは，真正に成立したものと推定する．

■参照するポイント

（電磁的記録の真正な成立の推定）

重要! 第三条　電磁的記録であって情報を表すために作成されたもの（公務員が職務上作成したものを除く．）は，当該電磁的記録に記録された情報について**本人による電子署名**（これを行うために必要な符号及び物件を適正に管理することにより，本人だけが行うことができることとなるものに限る．）が行われているときは，**真正に成立**したものと推定する．

解説

　設問の内容が記載されている条文との対応は，①から③：第2条（「定義」），
④：第3条（「電磁的記録の真正な成立の推定」），に該当します．

　設問で示されている用語の説明と比較すると次のようになります．

① 　第2条第2項に示される文面と一致しています．

② 　第2条第3項から，以下の文面について異なります．

　　条文：…その方式に応じて本人だけが行うことができるもの…

　　設問：…その方式に応じて本人及び指定審査機関の審査項目に適合する者
　　が行うことができるもの…

③ 　第2条第1項に示される文面と一致しています．

④ 　第3条に示される文面と一致しています．

　よって，正解は （カ） ②です．

【解答　②】

Note...

3章

その他の関連法規

4章

令和4年度第2回試験問題に
チャレンジ！

本章の出題項目
令和4年度第2回試験問題
令和4年度第2回試験問題解答・解説

令和4年度第2回試験問題

問1 次の各問いは,「電気通信事業法」又は「電気通信事業法施行規則」に規定する内容に関するものである.同法又は同規則の規定に照らして, □□□□内の(ア)～(カ)に最も適したものを,それぞれの解答群から選び,その番号を記せ. (小計20点)

(1) 電気通信事業法又は電気通信事業法施行規則に規定する用語について述べた次の文章のうち,誤っているものは,□(ア)□である. (4点)

〈(ア)の解答群〉
① 電気通信とは,有線,無線その他の電磁的方式により,符号,音響又は影像を送り,伝え,又は受けることをいう.
② 電気通信役務とは,電気通信設備を用いて他人の通信を媒介し,その他電気通信設備を他人の通信の用に供することをいう.
③ 電気通信事業とは,電気通信役務を他人の需要に応ずるために提供する事業(放送法に規定する放送局設備供給役務に係る事業を除く.)をいう.
④ 電気通信業務とは,電気通信事業者の行う電気通信設備の維持及び運用に係る業務をいう.
⑤ データ伝送役務とは,専ら符号又は影像を伝送交換するための電気通信設備を他人の通信の用に供する電気通信役務をいう.

(2) 電気通信事業法に規定する「検閲の禁止」,「秘密の保護」及び「重要通信の確保」について述べた次のA～Cの文章は,□(イ)□. (4点)

A 電気通信事業者の取扱中に係る通信は,犯罪捜査に必要であると総務大臣が認めた場合を除き,検閲してはならない.
B 電気通信事業者の取扱中に係る通信の秘密は,侵してはならない.電気通信事業に従事する者は,在職中電気通信事業者の取扱中に係る通信に関して知り得た他人の秘密を守らなければならない.その職を退いた後においても,同様とする.

C 電気通信事業者は，天災，事変その他の非常事態が発生し，又は発生するおそれがあるときは，災害の予防若しくは救援，交通，通信若しくは電力の供給の確保又は秩序の維持のために必要な事項を内容とする通信を優先的に取り扱わなければならない．公共の利益のため緊急に行うことを要するその他の通信であって総務省令で定めるものについても，同様とする．

〈（イ）の解答群〉
① Aのみ正しい　② Bのみ正しい　③ Cのみ正しい
④ A，Bが正しい　⑤ A，Cが正しい　⑥ B，Cが正しい
⑦ A，B，Cいずれも正しい　　⑧ A，B，Cいずれも正しくない

(3) 電気通信事業法の「電気通信設備の維持」に基づき総務省令で定める技術基準により確保されるべき事項について述べた次のA～Cの文章は，　（ウ）　．
(4点)

A 他の電気通信事業者の接続する電気通信設備との責任の分界が明確であるようにすること．

B 利用者又は他の電気通信事業者の接続する電気通信設備を損傷し，又は人体に危害を及ぼさないようにすること．

C 電気通信設備の損壊又は故障により，電気通信役務の提供に著しい支障を及ぼさないようにすること．

〈（ウ）の解答群〉
① Aのみ正しい　② Bのみ正しい　③ Cのみ正しい
④ A，Bが正しい　⑤ A，Cが正しい　⑥ B，Cが正しい
⑦ A，B，Cいずれも正しい　　⑧ A，B，Cいずれも正しくない

(4) 電気通信事業法の「業務の改善命令」に規定する，総務大臣が，業務の方法の改善その他の措置をとるべきことを命ずることができる場合について述べた次の文章のうち，誤っているものは，　（エ）　である．
(4点)

① 電気通信回線設備を設置することなく電気通信役務を提供する電気通信
事業の経営によりこれと電気通信役務に係る需要を共通とする電気通信回
線設備を設置して電気通信役務を提供する電気通信事業の当該需要に係る
電気通信回線設備の保持が経営上困難となるため，公共の利益が著しく阻
害されるおそれがあるとき．
② 電気通信事業者が国際電気通信事業に関する条約その他の国際約束によ
り課された義務を誠実に履行していないため，公共の利益が著しく阻害さ
れるおそれがあるとき．
③ 電気通信事業者の事業の運営が適正かつ合理的でないため，電気通信の
健全な発達又は国民の利便の確保に支障が生ずるおそれがあるとき．
④ 事故により電気通信役務の提供に支障が生ずるおそれがある場合に電気
通信事業者がその支障をあらかじめ回避するために必要な修理その他の措
置を速やかに行わないとき．

(5) 次の文章は，電気通信事業法に規定する「管理規程」について述べたもの
である．＿＿＿＿内の（オ），（カ）に最も適したものを，下記の解答群から選
び，その番号を記せ． (2点×2＝4点)

管理規程は，電気通信役務の確実かつ安定的な提供を確保するために電気通信
事業者が遵守すべき次の(i)～(iv)に掲げる事項に関し，総務省令で定めるところに
より，必要な内容を定めたものでなければならない．
(i) 電気通信役務の確実かつ安定的な提供を確保するための事業用電気通信設備
の管理の方針に関する事項
(ii) 電気通信役務の確実かつ安定的な提供を確保するための事業用電気通信設備
の＿（オ）＿に関する事項
(iii) 電気通信役務の確実かつ安定的な提供を確保するための事業用電気通信設備
の管理の方法に関する事項
(iv) 電気通信事業法に規定する電気通信設備統括管理者の＿（カ）＿に関する事項

⑥ 管理の体制　⑦ 職責　⑧ 管理の責任　⑨ 配置　⑩ 管理の条件

問 2　次の各問いは，「電気通信主任技術者規則」，「電波法」，「国際電気通信連合憲章」，「不正アクセス行為の禁止等に関する法律」又は「電子署名及び認証業務に関する法律」に規定する内容に関するものである．それぞれの規定に照らして，　　　　　　内の（ア）～（ク）に最も適したものを，それぞれの解答群から選び，その番号を記せ．　　　　　　　　　　　　　　　（小計 20 点）

（1）　次の(i)～(iv)は，電気通信主任技術者規則の「電気通信主任技術者の選任等」に規定する，電気通信主任技術者に監督させる事業用電気通信設備の工事，維持及び運用に関する業務の計画の立案並びにその計画に基づく業務の適切な実施に関して含むべき事項について述べたものである．同規則の規定に照らして，　　　　　　内の（ア），（イ）に最も適したものを，下記の解答群から選び，その番号を記せ．　　　　　　　　　　　　　　（2 点×2＝4 点）

(i)　工事の実施体制（工事の実施者及び設備の運用者による確認を含む．）及び工事の手順に関する事項

(ii)　運転又は操作の運用の監視に係る方針，体制及び方法に関する事項

(iii)　定期的な　　(ア)　　及び更新に関する事項

(iv)　適正な　　(イ)　　の確保に関する事項

〈（ア），（イ）の解答群〉
① 教育及び訓練計画の策定　　② 設備容量　　③ 重要通信　　④ 利便性
⑤ 管理規程の実施状況の把握　　⑥ 電力の供給　　⑦ 保守記録の保存
⑧ 安全管理体制の点検　　⑨ 通信の秘密　　⑩ ソフトウェアのリスク分析

（2）　電波法に規定する「定義」及び「目的外使用の禁止等」について述べた次のA～Cの文章は，　　(ウ)　　．　　　　　　　　　　　　　　　　　　（4 点）

A　電波とは，300 万メガヘルツ以下の周波数の電磁波をいう．

B　緊急通信とは，船舶又は航空機が重大かつ急迫の危険に陥った場合その他緊急の事態が発生した場合に緊急信号を前置する方法その他総務省令で定める方

法により行う無線通信をいう.

C 非常通信とは, 地震, 台風, 洪水, 津波, 雪害, 火災, 暴動その他非常の事態が発生し, 又は発生するおそれがある場合において, 有線通信を利用することができないか又はこれを利用することが著しく困難であるときに人命の救助, 災害の救援, 交通通信の確保又は秩序の維持のために行われる無線通信をいう.

〈(ウ) の解答群〉
① Aのみ正しい　　② Bのみ正しい　　③ Cのみ正しい
④ A, Bが正しい　　⑤ A, Cが正しい　　⑥ B, Cが正しい
⑦ A, B, Cいずれも正しい　　　　⑧ A, B, Cいずれも正しくない

(3)　次の(i), (ii)の文章は, 国際電気通信連合憲章に規定する「国際電気通信業務を利用する公衆の権利」及び「電気通信の秘密」について述べたものである. 同憲章の規定に照らして, _____内の (エ), (オ) に最も適したものを, 下記の解答群から選び, その番号を記せ.　　　　　(2点×2＝4点)

(i)　構成国は, 公衆に対し, 国際公衆通信業務によって通信する権利を承認する. 各種類の通信において, 業務, ☐ (エ) ☐は, すべての利用者に対し, いかなる優先権又は特恵も与えることなく同一とする.

(ii)　構成国は, 国際通信の秘密を確保するため, 使用される電気通信の☐ (オ) ☐するすべての可能な措置をとることを約束する.

〈(エ), (オ) の解答群〉
① システムに適合　　② 規約及び約款　　③ 国際法に準拠　　④ 方式及び機能
⑤ 犯罪防止に対応　　⑥ 標準化に寄与　　⑦ 料金及び保障　　⑧ 維持及び運用
⑨ 技術基準に規定　　⑩ サービス及び品質

(4)　不正アクセス行為の禁止等に関する法律に規定する「定義」,「不正アクセス行為を助長する行為の禁止」などについて述べた次の文章のうち, <u>誤っているもの</u>は, ☐ (カ) ☐である.　　　　　(4点)

〈(カ) の解答群〉

① 電気通信回線を介して接続された他の特定電子計算機が有するアクセス制御機能によりその特定利用を制限されている特定電子計算機に電気通信回線を通じてその制限を免れることができる情報又は指令を入力して当該特定電子計算機を作動させ，その制限されている特定利用をし得る状態にさせる行為（当該アクセス制御機能を付加したアクセス管理者がするもの及び当該アクセス管理者の承諾を得てするものを除く．）は，不正アクセス行為に該当する行為である．

② 何人も，業務その他正当な理由による場合を除いては，アクセス制御機能に係る他人の識別符号を，当該アクセス制御機能に係るアクセス管理者及び当該識別符号に係る利用権者以外の者に提供してはならない．

③ 何人も，不正アクセス行為の用に供する目的で，不正に取得されたアクセス制御機能に係る他人の識別符号を保管してはならない．

④ 何人も，アクセス制御機能を特定電子計算機に付加したアクセス管理者になりすまし，その他当該アクセス管理者であると誤認させて，当該アクセス管理者が当該アクセス制御機能に係る識別符号を付された利用権者に対し当該識別符号を特定電子計算機に入力することを求める旨の情報を，インターネットにより当該利用権者が閲覧できるようにする行為をしてはならない．ただし，当該アクセス管理者の承諾を得てする場合は，この限りでない．

(5) 次の文章は，電子署名及び認証業務に関する法律に規定する「目的」について述べたものである．□□□□内の (キ)，(ク) に最も適したものを，下記の解答群から選び，その番号を記せ． (2 点×2＝4 点)

　電子署名及び認証業務に関する法律は，電子署名に関し，電磁的記録の□(キ)□，特定認証業務に関する認定の制度その他必要な事項を定めることにより，電子署名の円滑な利用の確保による情報の電磁的方式による□(ク)□の促進を図り，もって国民生活の向上及び国民経済の健全な発展に寄与することを目的とする．

〈(キ),（ク）の解答群〉

① 電子商取引　　　② 複製又は持出しの防止対策

③ 真正な成立の推定　④ 情報化の均衡ある発展

⑤ 不正利用の防止　　⑥ 不正アクセス行為の禁止

⑦ 個人番号の利用　　⑧ 保護及び適正な管理

⑨ 高度情報通信社会　⑩ 流通及び情報処理

問3　次の各問いは，「事業用電気通信設備規則」に規定する内容に関するものである．同規則の規定に照らして，_____内の（ア）〜（カ）に最も適したものを，それぞれの解答群から選び，その番号を記せ．　　　　（小計20点）

(1)　事業用電気通信設備規則に規定する用語について述べた次の文章のうち，誤っているものは，_____（ア）_____である．　　　　　　　　　（4点）

〈（ア）の解答群〉

① 携帯電話用設備とは，事業用電気通信設備のうち，無線設備規則に規定する携帯無線通信による電気通信役務の提供の用に供するものをいう．

② 総合デジタル通信用設備とは，事業用電気通信設備のうち，主として64キロビット毎秒を単位とするデジタル信号の伝送速度により，符号，音声その他の音響又は影像を統合して伝送交換することを目的とする電気通信役務の提供の用に供するものをいう．

③ アナログ電話用設備とは，事業用電気通信設備のうち，端末設備又は自営電気通信設備を接続する点において音声信号を入出力するものであって，主として音声の伝送交換を目的とする電気通信役務の提供の用に供するものをいう．

④ 特定端末設備とは，自らの電気通信事業の用に供する端末設備であって事業用電気通信設備であるもののうち，自ら設置する電気通信回線設備の一端に接続されるものをいう．

(2)　電気通信回線設備を設置する電気通信事業者の電気通信事業の用に供する電気通信設備の「通信内容の秘匿措置」，「蓄積情報保護」及び「損傷防止」について述べた次のA〜Cの文章は，_____（イ）_____．　　　　　　　（4点）

A　有線放送設備の線路と同一の線路を使用する事業用電気通信設備（電気通信回線設備に限る．）は，電気通信事業者が，有線一般放送の受信設備を接続する点において，通信の内容が有線一般放送の受信設備の通常の使用の状態で判読できないように必要な秘匿措置が講じられなければならない．

B　事業用電気通信設備に利用者の通信の内容その他これに係る情報を蓄積する場合にあっては，当該事業用電気通信設備は，当該利用者以外の者が端末設備等を用いて容易にその情報を知得し，又は流用することを防止するため，当該利用者のみに与えた呼出符号の照合確認その他の防止措置が講じられなければならない．

C　事業用電気通信設備は，利用者又は他の電気通信事業者の接続する電気通信設備（以下「接続設備」という．）を損傷するおそれのある電力若しくは電流を送出し，又は接続設備を損傷するおそれのある電圧若しくは光出力により送出するものであってはならない．

〈（イ）の解答群〉
① Aのみ正しい　　② Bのみ正しい　　③ Cのみ正しい
④ A，Bが正しい　⑤ A，Cが正しい　⑥ B，Cが正しい
⑦ A，B，Cいずれも正しい　　　⑧ A，B，Cいずれも正しくない

(3)　次の文章は，電気通信回線設備を設置する電気通信事業者の電気通信事業の用に供する電気通信設備の損壊又は故障の対策におけるアナログ電話用設備等の「故障検出」について述べたものである．□□□□内の（ウ），（エ）に最も適したものを，下記の解答群から選び，その番号を記せ．　（2点×2＝4点）

　　事業用電気通信設備は，電源停止，　（ウ）　の動作停止その他電気通信役務の提供に直接係る機能に重大な支障を及ぼす故障等の発生時には，これを直ちに検出し，当該事業用電気通信設備を　（エ）　機能を備えなければならない．

〈（ウ），（エ）の解答群〉
① 整流装置　　② 無停電電源装置　　③ 維持し，又は運用する者に通知する
④ 現用機器　　⑤ 共通制御機器　　　⑥ 保守センタから遠隔で応急復旧できる
⑦ 停止し，予備機器に切り替える　　⑧ 事業用電気通信回線設備から切り離す

(4)　電気通信回線設備を設置する電気通信事業者の電気通信事業の用に供する電気通信設備の損壊又は故障の対策におけるアナログ電話用設備等の「異常ふくそう対策等」，「耐震対策」などについて述べた次の文章のうち，正しいものは，　(オ)　である．ただし，適用除外規定は考慮しないものとする．（4点）

〈(オ) の解答群〉

① 　交換設備は，異常ふくそう（特定の交換設備に対し通信が集中することにより，交換設備の通信の疎通能力が継続して著しく低下する現象をいう．）が発生した場合に，これを検出し，かつ，通信の疎通を停止する機能又はこれと同等の機能を有するものでなければならない．ただし，通信が同時に集中することがないようこれを制御することができる交換設備については，この限りでない．

② 　事業用電気通信設備は，通常想定される規模の地震による構成部品の接触不良及び脱落を防止するため，構成部品の固定その他の耐震措置が講じられたものでなければならない．

③ 　線路設備は，強電流電線からの静電誘導作用により事業用電気通信設備の機能に重大な支障を及ぼすおそれのある異常電圧又は異常電流が発生しないように設置しなければならない．

④ 　事業用電気通信設備は，通常受けている電力の供給が停止した場合においてその取り扱う通信が停止することのないよう自家用発電機及び蓄電池の設置その他これに準ずる措置が講じられていなければならない．この場合において，事業用電気通信設備のうち交換設備にあっては，自家用発電機はその機能を代替することができる予備機器の設置が講じられていなければならない．

(5)　電気通信回線設備を設置する電気通信事業者の電気通信事業の用に供する電気通信設備の損壊又は故障の対策におけるアナログ電話用設備等の「事業用電気通信設備を設置する建築物等」について述べた次のA〜Cの文章は，　(カ)　．ただし，適用除外規定は考慮しないものとする．（4点）

A　当該事業用電気通信設備を安全に設置することができる堅固で耐久性に富むものであること．

B　当該事業用電気通信設備が安定に動作する温度及び湿度を維持することができること．

C　当該事業用電気通信設備を収容し，又は設置する通信機械室に，小動物が容易に出入りし，又は容易に事業用電気通信設備に触れることができないよう金網による囲いその他必要な措置が講じられていること．

〈（カ）の解答群〉
① Aのみ正しい　　② Bのみ正しい　　③ Cのみ正しい
④ A，Bが正しい　⑤ A，Cが正しい　⑥ B，Cが正しい
⑦ A，B，Cいずれも正しい　　　　⑧ A，B，Cいずれも正しくない

問 4　次の各問いは，「事業用電気通信設備規則」又は「端末設備等規則」に規定する内容に関するものである．それぞれの規則の規定に照らして，_____内の（ア）～（カ）に最も適したものを，それぞれの解答群から選び，その番号を記せ．　　　　　　　　　　　　　　　　（小計 20 点）

(1)　事業用電気通信設備規則に規定する，電気通信回線設備を設置する電気通信事業者の電気通信事業の用に供する電気通信設備の損壊又は故障の対策におけるアナログ電話用設備等の「大規模災害対策」について述べた次の文章のうち，誤っているものは，__（ア）__である．　　　　　　　　　　　　（4 点）

〈（ア）の解答群〉
①　3 以上の交換設備をループ状に接続する大規模な伝送路設備は，複数箇所の故障等により広域にわたり通信が停止することのないよう，当該伝送路設備により囲まれる地域を横断する伝送路設備の追加的な設置，臨時の電気通信回線の設置に必要な技術を有する者の配置の措置を講じること．
②　電気通信役務に係る情報の管理，電気通信役務の制御又は端末設備等の認証等を行うための電気通信設備であって，その故障等により，広域にわたり電気通信役務の提供に重大な支障を及ぼすおそれのあるものは，複数の地域に分散して設置すること．この場合において，一の電気通信設備の故障等の発生時に，他の電気通信設備によりなるべくその機能を代替することができるようにすること．

③ 伝送路設備を複数の経路により設置する場合には，互いになるべく離れた場所に設置すること．

④ 地方公共団体が定める防災に関する計画及び地方公共団体が公表する自然災害の想定に関する情報を考慮し，電気通信設備の設置場所を決定若しくは変更し，又は適切な防災措置を講じること．

(2) 事業用電気通信設備規則に規定する，音声伝送役務の提供の用に供する電気通信設備のアナログ電話用設備における，事業用電気通信設備が発信側の端末設備等に対して，同規則で規定する場合にその状態を可聴音により通知するとき，端末設備等を接続する点において送出しなければならない可聴音及びその信号送出形式について述べた次の文章のうち，正しいものは，　(イ)　である．　(4点)

〈(イ) の解答群〉
① 端末設備等が送出する発呼信号を受信した後，選択信号を受信することが可能となった場合に送出する可聴音を呼出音という．
② 接続の要求をされた着信側の端末設備等を呼出し中である場合に送出する可聴音を話中音という．
③ 接続の要求をされた着信側の端末設備等が着信可能な状態でない場合又は接続の要求をされた着信側の端末設備等への接続が不可能な場合に送出する可聴音を発信音という．
④ 発信音の場合における信号送出形式は，400ヘルツの周波数の信号を連続送出するものであること．

(3) 次の文章は，端末設備等規則に規定する，電話用設備に接続される移動電話端末の「重要通信の確保のための機能」について述べたものである．　　内の (ウ)，(エ) に最も適したものを，下記の解答群から選び，その番号を記せ．　(2点×2＝4点)

移動電話端末は，重要通信を確保するため，移動電話用設備からの　(ウ)　場合にあっては，　(エ)　機能を備えなければならない．

〈(ウ), (エ) の解答群〉
① 災害時優先通信の指示を受けた　　② 発信しない
③ 送信が衝突した信号を受信した　　④ 自動的にその着信を拒否する
⑤ 発信の規制を要求する信号を受信した　⑥ 自動的に回線を切断する
⑦ 位置情報を更新し, かつ, 保持する
⑧ 位置情報の登録を拒否する信号を受信した

(4)　端末設備等規則に規定する, アナログ電話端末の「直流回路の電気的条件等」について述べた次のA〜Cの文章は, ［　(オ)　］.　　　　　　(4点)

A　直流回路を閉じているときのアナログ電話端末の直流回路の直流抵抗値は, 20ミリアンペア以上120ミリアンペア以下の電流で測定した値で10オーム以上100オーム以下でなければならない. ただし, 直流回路の直流抵抗値と電気通信事業者の交換設備からアナログ電話端末までの線路の直流抵抗値の和が50オーム以上1,700オーム以下の場合にあっては, この限りでない.

B　直流回路を閉じているときのアナログ電話端末のダイヤルパルスによる選択信号送出時における直流回路の静電容量は, 10マイクロファラド以下でなければならない.

C　アナログ電話端末は, 電気通信回線に対して直流の電圧を加えるものであってはならない.

〈(オ) の解答群〉
① Aのみ正しい　　② Bのみ正しい　　③ Cのみ正しい
④ A, Bが正しい　　⑤ A, Cが正しい　　⑥ B, Cが正しい
⑦ A, B, Cいずれも正しい　　　　⑧ A, B, Cいずれも正しくない

(5)　端末設備等規則に規定する安全性等について述べた次の文章のうち, 誤っているものは, ［　(カ)　］である.　　　　　　(4点)

〈(カ) の解答群〉
①　配線設備等の評価雑音電力は, 絶対レベルで表した値で定常時においてマイナス64デシベル以下であり, かつ, 最大時においてマイナス58デ

シベル以下であること.

② 端末設備の機器は，その電源回路と筐体及びその電源回路と事業用電気通信設備との間において，使用電圧が 750 ボルトを超える直流及び 600 ボルトを超える交流の場合にあっては，その使用電圧の 1.5 倍の電圧を連続して 10 分間加えたときこれに耐える絶縁耐力を有しなければならない.

③ 通話機能を有する端末設備は，通話中に受話器から過大な誘導雑音が発生することを防止する機能を備えなければならない.

④ 端末設備を構成する一の部分と他の部分相互間において電波を使用する端末設備において使用される無線設備は，一の筐体に収められており，かつ，容易に開けることができないものでなければならない. ただし，総務大臣が別に告示するものについては，この限りでない.

問 5　次の各問いは,「有線電気通信法」,「有線電気通信設備令」又は「有線電気通信設備令施行規則」に規定する内容に関するものである. 同法,同令又は同規則の規定に照らして,□□□□内の (ア)〜(カ) に最も適したものを，それぞれの解答群から選び，その番号を記せ.　(小計 20 点)

(1)　次の文章は，有線電気通信法に規定する「有線電気通信設備の届出」について述べたものである.□□□□内の (ア),（イ）に最も適したものを，下記の解答群から選び，その番号を記せ.　(2 点×2＝4 点)

有線電気通信設備の設置の届出をする者は，その届出に係る有線電気通信設備が次の(i)〜(iii)に掲げる設備（総務省令で定めるものを除く.）に該当するものであるときは，有線電気通信の方式の別，設備の設置の場所及び□(ア)□のほか，その使用の態様その他総務省令で定める事項を併せて届け出なければならない.

(i)　2 人以上の者が共同して設置するもの

(ii)　他人（電気通信事業者を除く.）の設置した有線電気通信設備と相互に接続されるもの

(iii)　他人の□(イ)□もの

〈(ア),(イ)の解答群〉

① 工事仕様書　② 設備と近接する　③ 設置の目的　④ 接続の方法

⑤ 設備の概要　⑥ 運用に委ねる　⑦ 建造物に設置する

⑧ 工事の期間　⑨ 設備に重畳する　⑩ 通信の用に供される

(2)　有線電気通信法に規定する「目的」,「技術基準」,「非常事態における通信の確保」又は「本邦外にわたる有線電気通信設備」について述べた次の文章のうち,誤っているものは,　(ウ)　である.　(4点)

〈(ウ)の解答群〉

①　有線電気通信法は,有線電気通信設備の設置及び使用を規律し,有線電気通信に関する秩序を確立することによって,公共の福祉の増進に寄与することを目的とする.

②　有線電気通信設備(政令で定めるものを除く.)の技術基準により確保されるべき事項の一つとして,有線電気通信設備は,他人の設置する有線電気通信設備に妨害を与えないようにすることがある.

③　総務大臣は,天災,事変その他の非常事態が発生し,又は発生するおそれがあるときは,有線電気通信設備を設置した者に対し,災害の予防若しくは救援,交通,通信若しくは電力の供給の確保若しくは秩序の維持のために必要な通信を行い,又はこれらの通信を行うためその有線電気通信設備を改造・修理させ,若しくはこれで他の有線電気通信設備を代替することを命ずることができる.

④　本邦内の場所と本邦外の場所との間の有線電気通信設備は,電気通信事業者がその事業の用に供する設備として設置する場合を除き,設置してはならない.ただし,特別の事由がある場合において,総務大臣の許可を受けたときは,この限りでない.

(3)　有線電気通信設備令又は有線電気通信設備令施行規則に規定する用語について述べた次の文章のうち,正しいものは,　(エ)　である.　(4点)

〈(エ)の解答群〉

①　低周波とは,周波数が200ヘルツ以下の電磁波をいい,音声周波とは,

周波数が 200 ヘルツを超え，3,500 ヘルツ以下の電磁波をいう．

② 平衡度とは，通信回線の中性点と大地との間に起電力を加えた場合における これらの間に生ずる電圧と通信回線の端子間に生ずる電圧との差をデシベルで表わしたものをいう．

③ 強電流電線とは，強電流電気の伝送を行うための導体をいい，絶縁物又は保護物で被覆されている場合は，これらの物を除く．

④ 絶縁電線とは，絶縁物及び保護物で被覆されている電線をいう．

⑤ 絶対レベルとは，一の実効電力の 1 ミリワットに対する比を絶対値で表わしたものをいう．

(4)　有線電気通信設備令に規定する「通信回線の平衡度」，「線路の電圧及び通信回線の電力」，「地中電線」などについて述べた次の文章のうち，誤っているものは， ［　(オ)　］である．　　　　　　　　　　　　　　　　　　　(4 点)

〈(オ) の解答群〉

① 通信回線（導体が光ファイバであるものを除く．）の平衡度は，1,000 ヘルツの交流において 34 デシベル以上でなければならない．ただし，総務省令で定める場合は，この限りでない．

② 通信回線（導体が光ファイバであるものを除く．）の線路の電圧は，48 ボルト以下でなければならない．ただし，電線として絶縁電線を使用し，かつ，他人の設置する有線電気通信設備に損傷を与えるおそれがないときは，この限りでない．

③ 地中電線は，地中強電流電線との離隔距離が 30 センチメートル（その地中強電流電線の電圧が 7,000 ボルトを超えるものであるときは，60 センチメートル）以下となるように設置するときは，総務省令で定めるところによらなければならない．

④ 地中電線の金属製の被覆又は管路は，地中強電流電線の金属製の被覆又は管路と電気的に接続してはならない．但し，電気鉄道又は電気軌道の帰線から漏れる直流の電流による腐しょくを防止するため接続する場合であって，総務省令で定める設備をする場合は，この限りでない．

⑤ 有線電気通信設備は，総務省令で定めるところにより，絶縁機能，避雷機能その他の保安機能をもたなければならない．

(5)　有線電気通信設備令施行規則の「屋内電線と屋内強電流電線との交差又は接近」において，屋内電線が低圧の屋内強電流電線と交差し，又は30センチメートル以内に接近する場合の設置の方法について，屋内電線と屋内強電流電線とを同一の管等に収めて設置しないことと規定されているが，その適用が除外される場合について述べた次のA〜Cの文章は，　　(カ)　　．　　　　　(4点)

A　屋内電線が，絶縁電線であるとき．

B　屋内電線が，難燃性の被覆を有するケーブルであるとき．

C　屋内電線と屋内強電流電線との間に堅ろうな隔壁を設け，かつ，金属製部分に特別保安接地工事を施したダクト又はボックスの中に屋内電線と屋内強電流電線を収めて設置するとき．

〈(カ) の解答群〉
① Aのみ正しい　　② Bのみ正しい　　③ Cのみ正しい
④ A，Bが正しい　　⑤ A，Cが正しい　　⑥ B，Cが正しい
⑦ A，B，Cいずれも正しい　　　⑧ A，B，Cいずれも正しくない

Note...

令和4年度第2回試験問題解答・解説

【問1 (1)】 解答 ア：④

解説 設問にある①から⑤の各説明は，①〜④：電気通信事業法第2条（「定義」），⑤：電気通信事業法施行規則第2条（「用語」），にそれぞれ対応します．

設問で示されている説明文と比較すると次のようになります．

① 電気通信事業法第2条第一号に示される内容と一致しています．
② 電気通信事業法第2条第三号に示される内容と一致しています．
③ 電気通信事業法第2条第四号に示される内容と一致しています．
④ 電気通信事業法第2条第六号から，以下の文面が異なります．

条文：…電気通信事業者の行う電気通信役務の**提供の業務をいう**

設問：…電気通信事業者の行う電気通信設備の**維持及び運用に係る業務を**いう

⑤ 電気通信事業法施行規則第2条第2項第二号に示される内容と一致しています．

よって，正解は （ア） ④です．

【問1 (2)】 解答 イ：⑥

解説 設問にあるAからCの各説明は，A：第3条（「検閲の禁止」），B：第4条（秘密の保護），C：第8条（「重要通信の確保」）にそれぞれ対応します．

設問で示されている説明文と比較すると次のようになります．

A 第3条から，以下の文面が異なります．

条文：電気通信事業者の取扱中に係る通信は，検閲してはならない．

設問：電気通信事業者の取扱中に係る通信は，**犯罪捜査に必要であると総務大臣が認めた場合を除き**，検閲してはならない．

B 第4条に示される文面と一致しています．

C 第8条第1項に示される文面と一致しています．

よって，BとCが正しいため，正解は （イ） ⑥です．

【問 1 （3）】 解答 ウ：⑤

解説 「電気通信設備の維持」は，電気通信事業法の第 41 条に記述されています．設問で示されている文は，第 41 条第 6 項に示される内容の一部になります．

設問で示されている説明文と比較すると次のようになります．

A 第 41 条第 6 項第五号に示される文面と一致しています．

B 第 41 条第 6 項第四号から，以下の文面が異なります．

条文：利用者又は他の電気通信事業者の接続する電気通信設備を損傷し，又は**その機能に障害を与えない**ようにすること．

設問：利用者又は他の電気通信事業者の接続する電気通信設備を損傷し，又は**人体に危害を及ぼさない**ようにすること．

C 第 41 条第 6 項第一号に示される文面と一致しています．

よって，A と C が正しいため，正解は （ウ） ⑤です．

【問 1 （4）】 解答 エ：④

解説 設問にある①から④の各説明は，電気通信事業法第 29 条「業務の改善命令」に関する内容であり，①：第十一号，②：第九号，③：第十二号，④：第八号，にそれぞれ対応します．

設問で示されている説明文と比較すると次のようになります．

① 第十一号に示される内容と一致しています．

② 第九号に示される内容と一致しています．

③ 第十二号に示される内容と一致しています．

④ 第八号から，以下の文面が異なります．

条文：事故により電気通信役務の提供に支障が**生じている**場合に電気通信事業者がその支障を**除去**するために必要な…

設問：事故により電気通信役務の提供に支障が**生ずるおそれがある**場合に電気通信事業者がその支障を**あらかじめ回避**するために必要な…

よって，正解は （エ） ④です．

【問 1 （5）】 解答 オ：⑥，カ：⑤

解説 設問の （オ） の部分は，電気通信事業法の第 44 条（「管理規程」）第 2 項第二号，設問の （カ） の部分は，同じく第 44 条第 2 項第四号に示されて

います.

　条文と設問を照らし合わせると，穴埋め箇所には次の言葉が入ることがわかります.

　(オ) → 　管理の体制

　(カ) → 　選任

　よって，正解は　(オ) ⑥，(カ) ⑤となります.

【問2 (1)】　解答　ア：⑩，イ：②

▨▨ 解説 ▨▨　設問にある(i)から(iv)の各説明は，電気通信主任技術者規則第3条第4項第一号に示されています.

　条文と設問を照らし合わせると，穴埋め箇所には次の言葉が入ることがわかります.

　(ア) → 　ソフトウェアのリスク分析

　(イ) → 　設備容量

　よって，正解は　(ア) ⑩，(イ) ②となります.

【問2 (2)】　解答　ウ：⑤

▨▨ 解説 ▨▨　設問にあるAからCの各説明は，A：第2条（「定義」），B〜C：第52条（「目的外使用の禁止等」），にそれぞれ用語が示されています.

　設問で示されている説明文と比較すると次のようになります.

　A　第2条第一号に示される文面と一致しています.

　B　第52条第二号から以下の文面が異なります

　　条文：緊急通信（船舶又は航空機が重大かつ急迫の危険に**陥るおそれがある場合**…

　　設問：緊急通信とは，船舶又は航空機が重大かつ急迫の危険に**陥った場合**…

　C　第52条第四号に示される文面と一致しています.

　よって，A，Cが正しいため，正解は　(ウ) ⑤です.

【問2 (3)】　解答　エ：⑦，オ：①

▨▨ 解説 ▨▨　「国際電気通信業務を利用する公衆の権利」と「電気通信の秘密」は，国際電気通信連合憲章の第33条と第37条に記述されており，設問の(i)と

(ii)の説明文にそれぞれ対応します.

　条文と設問を照らし合わせると，穴埋め箇所には次の言葉が入ることがわかります.

　（エ）→　料金及び保障

　（オ）→　システムに適合

　よって，正解は　(エ)⑦，(オ)①となります.

【問2（4）】　解答　カ：④

■解説　　設問にある①から④の各説明は不正アクセス行為の禁止等に関する法律の内容であり，①：第2条（「定義」），②：第5条（「不正アクセス行為を助長する行為の禁止」），③：第6条（「他人の識別符号を不正に保管する行為の禁止」），④：第7条（「識別符号の入力を不正に要求する行為の禁止」），にそれぞれ対応します.

　設問で示されている説明文と比較すると次のようになります.

　①　第2条第4項第三号に示される内容と一致しています.

　②　第5条に示される内容と一致しています.

　③　第6条に示される内容と一致しています.

　④　第7条第一号から，以下の文面が異なります.

　　条文：当該アクセス管理者が当該アクセス制御機能に係る識別符号を付された利用権者に対し当該識別符号を特定電子計算機に入力することを求める旨の情報を，**電気通信回線に接続して行う自動公衆送信（公衆によって直接受信されることを目的として公衆からの求めに応じ自動的に送信を行うことをいい，放送又は有線放送に該当するものを除く.）を利用して公衆が閲覧することができる状態に置く行為**

　　設問：…当該アクセス管理者が当該アクセス制御機能に係る識別符号を付された利用権者に対し当該識別符号を特定電子計算機に入力することを求める旨の情報を，**インターネットにより**当該利用権者が閲覧できるようにする行為…

　よって，正解は　(カ)④です.

【問2（5）】　解答　キ：③，ク：⑩

■解説　　電子署名及び認証業務に関する法律に規定する「目的」は，第1条

に示されています．

　条文と設問を照らし合わせると，穴埋め箇所には次の言葉が入ることがわかります．

　（キ）→　真正な成立の推定

　（ク）→　流通及び情報処理

　よって，正解は　（キ）③，（ク）⑩となります．

【問3 (1)】　解答　ア：③

■解説　事業用電気通信設備規則で使用される用語の定義は，第3条に記されています．

　設問で示されている説明文と比較すると次のようになります．

① 　第3条第2項第七号に示す内容と一致しています．

② 　第3条第2項第五号に示す内容と一致しています．

③ 　第3条第2項第三号に示す内容と比較すると，以下の文面が異なります．

　　条文：…を接続する点において**アナログ**信号を入出力するものであつて…

　　設問：…を接続する点において**音声**信号を入出力するものであって…

④ 　第3条第2項第十号に示す内容と一致しています．

　よって，正解は　（ア）③です．

【問3 (2)】　解答　イ：⑤

■解説　設問にあるAからCの各説明は，A：第17条（「通信内容の秘匿措置」），B：第18条（蓄積情報保護），C：第19条（「損傷防止」）にそれぞれ対応します．

　設問で示されている説明文と比較すると次のようになります．

A　第17条第2項に示される内容と一致しています．

B　第18条から，以下の文面が異なります．

　　条文：…又は**破壊**することを防止するため，当該利用者のみに与えた**識別**符号の照合確認…

　　設問：…又は**流用**することを防止するため，当該利用者のみに与えた**呼出**符号の照合確認…

C　第19条に示される内容と一致しています．

　よって，AとCが正しいため，正解は　（イ）⑤です．

令和4年度第2回試験問題解答・解説

【問3 (3)】 解答 ウ：⑤，エ：③

解説 「故障検出」は，事業用電気通信設備規則の第5条に記述されています．

条文と設問を照らし合わせると，穴埋め箇所には次の言葉が入ることがわかります．

(ウ) → 共通制御機器

(エ) → 維持し，又は運用する者に通知する

よって，正解は (ウ) ⑤，(エ) ③となります．

【問3 (4)】 解答 オ：②

解説 設問にある①から④の各説明は，①：第8条（「異常ふくそう対策等」），②：第9条（「耐震対策」），③：第12条（「誘導対策」），④：第11条（「停電対策」），にそれぞれ対応します．

設問で示されている説明文と比較すると次のようになります．

① 第8条から，以下の文面が異なります．

条文：…これを検出し，かつ，通信の**集中を規制**する機能又は…

設問：…これを検出し，かつ，通信の**疎通を停止**する機能又は…

② 第9条第2項に示す内容と一致しています．

③ 第12条から，以下の文面が異なります．

条文：線路設備は，強電流電線からの**電磁**誘導作用により…

設問：線路設備は，強電流電線からの**静電**誘導作用により…

④ 第11条第1項から，以下の文面が異なります．

条文：…通信が停止することのないよう自家用発電機**又は**蓄電池の設置…

設問：…通信が停止することのないよう自家用発電機**及び**蓄電池の設置…

よって，正解は (オ) ②です．

【問3 (5)】 解答 カ：④

解説 電気通信回路設備を設置する電気通信事業者の電気通信事業の用に供する電気通信設備の損壊又は故障の対策におけるアナログ電話用設備等の「事業用電気通信設備を設置する建築物等」は，第15条に示されています．設問にあるAからCは，A：第15条第二号，B：第15条第三号，C：第15条第四号，にそれぞれ対応します．

4章

令和4年度第2回試験問題にチャレンジ！

163

設問で示されている説明文と比較すると次のようになります．

A　第15条第二号に示される内容と一致しています．

B　第15条第三号に示される内容と一致しています．

C　第15条第四号から，以下の文面が異なります．

条文：…又は設置する通信機械室に，**公衆**が容易に立ち入り，又は**公衆**が容易に事業用電気通信設備に触れることができないよう**施錠**その他必要な措置が講じられていること．

設問：…又は設置する通信機械室に，**小動物**が容易に出入りし，又は容易に事業用電気通信設備に触れることができないよう**金網による囲い**その他必要な措置が講じられていること．

よって，AとBが正しいため，正解は（カ）④です．

【問4 (1)】　解答　ア：①

解説　電気通信回線設備を設置する電気通信事業者の電気通信事業の用に供する電気通信設備の損壊又は故障の対策におけるアナログ電話用設備等の「大規模災害対策」は，第15条の3に示されています．設問にある①から④は，①：第15条の3第一号，②：第15条の3第三号，③：第15条の3第四号，④：第15条の3第五号，にそれぞれ対応します．

設問で示されている説明文と比較すると次のようになります．

①　第15条の3から，以下の文面が異なります．

条文：…臨時の電気通信回線の設置に必要な**機材の配備**その他の**必要な**措置を講じること．

設問：…臨時の電気通信回線の設置に必要な**技術を有する者の配置**の措置を講じること．

②　第15条の3第三号の内容と一致しています．

③　第15条の3第四号の内容と一致しています．

④　第15条の3第五号の内容と一致しています．

よって，正解は（ア）①です．

【問4 (2)】　解答　イ：④

解説　設問の可聴音及びその信号送出形式についての条文は，第32条（「その他の信号送出条件」），第33条（「可聴音送出条件」）に示されています．

設問にある①から④は，①：第32条第一号，②：第32条第二号，③：第32条第三号，④：第33条第一号にそれぞれ対応します．

　設問で示されている説明文と比較すると次のようになります．

①　第32条第一号および第33条から，説明文の内容は「呼出音」ではなく「発信音」です．

②　第32条第二号および第33条から，説明文の内容は「話中音」ではなく「呼出音」です．

③　第32条第三号および第33条から，説明文の内容は「発信音」ではなく「話中音」です．

④　第33条第一号（別表第五号）の内容と一致しています．

　よって，正解は　(イ)　④です．

【問4（3）】　解答　ウ：⑤，エ：②

　解説　端末設備等規則に規定する，電話用設備に接続される移動電話端末の「重要通信の確保のための機能」は，第28条に示されています．

　条文と設問を照らし合わせると，穴埋め箇所には次の言葉が入ることがわかります．

（ウ）→　発信の規制を要求する信号を受信した

（エ）→　発信しない

　よって，正解は　(ウ)　⑤，　(エ)　②となります．

【問4（4）】　解答　オ：③

　解説　端末設備等規則に規定する，アナログ電話端末の「直流回路の電気的条件等」は，第13条に示されています．

　設問で示されている説明文と比較すると次のようになります．

A　第13条第1項第一号から，以下の文面が異なります．

　　条文：直流回路の直流抵抗値は，二〇ミリアンペア以上一二〇ミリアンペア以下の電流で測定した値で**五〇**オーム以上**三〇〇**オーム以下であること．…

　　設問：…直流回路の直流抵抗値は，20ミリアンペア以上120ミリアンペア以下の電流で測定した値で**10**オーム以上**100**オーム以下でなければならない．…

B　第13条第1項第二号から，以下の文面が異なります．

　　条文：ダイヤルパルスによる選択信号送出時における直流回路の静電容量は，**三**マイクロフアラド以下であること．

　　設問：…ダイヤルパルスによる選択信号送出時における直流回路の静電容量は，**10**マイクロフアラド以下でなければならない．

C　第13条第3項に示される文面と一致しています．

よって，Cのみ正しいため，正解は　(オ)　③です．

【問4（5）】　解答　カ：③

■解説■　端末設備等規則の第4条から第9条は，端末設備の安全性等についての規定が記述されています．設問にある①から④の各説明は，①：第8条（「配線設備等」），②：第6条（「絶縁抵抗等」），③：第7条（「過大音響衝撃の発生防止」），④：第9条（「端末設備内において電波を使用する端末設備」），にそれぞれ対応します．

　設問で示されている説明文と比較すると次のようになります．

①　第8条第1項第一号に示される文面と一致しています．

②　第6条第1項第二号に示される文面と一致しています．

③　第7条から，以下の文面が異なります．

　　条文：通話機能を有する端末設備は，通話中に受話器から過大な**音響衝撃**が発生することを防止する機能を備えなければならない．

　　設問：通話機能を有する端末設備は，通話中に受話器から過大な**誘導雑音**が発生することを防止する機能を備えなければならない．

④　第9条第1項第三号に示される文面と一致しています．

よって，正解は　(カ)　③です．

【問5（1）】　解答　ア：⑤，イ：⑩

■解説■　「有線電気通信設備の届出」は，有線電気通信法第3条に記されています．設問の内容は第3条第1項および第2項の内容になります．

　条文と設問を照らし合わせると，穴埋め箇所には次の言葉が入ることがわかります．

（ア）　→　設備の概要

（イ）　→　通信の用に供される

よって，正解は (ア) ⑤，(イ) ⑩となります．

【問5 (2)】　解答　ウ：③

■解説　設問の内容が記載されている条文との対応は，①：第1条（「目的」），②：第5条（「技術基準」），③：第8条（「非常事態における通信の確保」），④：第4条（「本邦外にわたる有線電気通信設備」），にそれぞれ対応します．

設問で示されている説明文と比較すると次のようになります．

① 第1条に示される文面と一致しています．

② 第5条第2項第一号に示される文面と一致しています．

③ 第8条第1項から，以下の文面について異なります．

条文：…又はこれらの通信を行うためその有線電気通信設備を**他の者に使用**させ，若しくはこれを他の有線電気通信設備に**接続すべきこと**を命ずることができる．

設問：…又はこれらの通信を行うためその有線電気通信設備を**改造・修理**させ，若しくはこれで他の有線電気通信設備**を代替する**ことを命ずることができる．

④ 第4条に示される文面と一致しています．

よって，正解は (ウ) ③です．

【問5 (3)】　解答　エ：①

■解説　有線電気通信設備令の第1条（定義）および有線電気通信設備令施行規則の第1条（定義）では，その法で用いられる用語の定義が示されています．

設問で示されている用語の説明と比較すると次のようになります．

① 有線電気通信設備令施行規則の第1条第六号および有線電気通信設備令の第1条第八号に示される文面と一致しています．

② 有線電気通信設備令の第1条第十一号から以下の文面について異なります．

条文：…電圧と通信回線の端子間に生ずる電圧との**比**をデシベルで表わしたもの

設問：…電圧と通信回線の端子間に生ずる電圧との**差**をデシベルで表わし

たもの

③ 有線電気通信設備令の第 1 条第四号から以下の文面について異なります.

条文：…導体（絶縁物又は保護物で被覆されている場合は，これらの物を**含む.**）

設問：…導体をいい，絶縁物又は保護物で被覆されている場合は，これらの物を**除く.**

④ 有線電気通信設備令の第 1 条第二号から以下の文面について異なります.

条文：絶縁物**のみ**で被覆されている電線

設問：…，絶縁物**及び保護物**で被覆されている電線

⑤ 有線電気通信設備令の第 1 条第十号から以下の文面について異なります.

条文：一の**皮相電力**の一ミリワットに対する比を**デシベル**で表わしたもの

設問：…，一の**実効電力**の一ミリワットに対する比を**絶対値**で表わしたもの…

よって，正解は (エ) ①です.

【問 5（4）】 解答 オ：②

解説 設問の内容が記載されている条文との対応は，①：第 3 条（「通信回線の平衡度」），②：第 4 条（「線路の電圧及び通信回線の電力」），③：第 14 条（「地中電線」），④：第 15 条（「地中電線」），⑤：第 19 条（「有線電気通信設備の保安」）に該当します.

設問で示されている説明文と比較すると次のようになります.

① 第 3 条に示される文面と一致しています.

② 第 4 条から，以下の文面について異なります.

条文：…線路の電圧は，**一〇〇**ボルト以下でなければならない. ただし，電線として**ケーブルのみを使用するとき**，又は**人体**に危害を及ぼし，若しくは**物件**に損傷を与えるおそれがないときは…

設問：…線路の電圧は，**48** ボルト以下でなければならない. ただし，電線として**絶縁電線を使用し，かつ，他人の設置する有線電気通信設備**に損傷を与えるおそれがないときは…

③ 第 14 条に示される文面と一致しています.

④ 第 15 条に示される文面と一致しています.

⑤ 第 19 条に示される文面と一致しています.

よって，正解は＿(オ)＿②です．

【問5（5）】　解答　カ：③

解説　　　有線電気通信設備令施行規則の「屋内電線と屋内強電流電線との交差又は接近」は，第18条に示されています．また，設問にある「屋内電線と屋内強電流電線とを同一の管等に収めて設置しないことと規定されているが，その適用が除外される場合について」の説明は，第三号に示されています．

設問で示されている説明文と比較すると次のようになります．

A　第18条第三号ハから，以下の文面が異なります．

条文：屋内電線が，**光ファイバその他金属以外のもので構成されていると**き．

設問：屋内電線が，**絶縁電線であるとき**．

B　第18条第三号ロから，以下の文面が異なります．

条文：屋内電線が，**特別保安接地工事を施した金属製の電気的遮へい層を**有するケーブルであるとき．

設問：屋内電線が，**難燃性の被覆を有するケーブルであるとき**．

C　第18条第三号イに示される文面と一致しています．

よって，Cのみ正しいため，正解は＿(カ)＿③です．

Note...

付録
関係法令条文

付-1　電気通信事業法

最終改正：令和四年六月十七日法律第七十号

第一章　総則

（目的）

第一条　この法律は，電気通信事業の公共性に鑑み，その運営を適正かつ合理的なものとするとともに，その公正な競争を促進することにより，電気通信役務の円滑な提供を確保するとともにその利用者等の利益を保護し，もつて電気通信の健全な発達及び国民の利便の確保を図り，公共の福祉を増進することを目的とする．

（定義）

第二条　この法律において，次の各号に掲げる用語の意義は，当該各号に定めるところによる．

一　電気通信　有線，無線その他の電磁的方式により，符号，音響又は影像を送り，伝え，又は受けることをいう．

二　電気通信設備　電気通信を行うための機械，器具，線路その他の電気的設備をいう．

三　電気通信役務　電気通信設備を用いて他人の通信を媒介し，その他電気通信設備を他人の通信の用に供することをいう．

四　電気通信事業　電気通信役務を他人の需要に応ずるために提供する事業（放送法（昭和二十五年法律第百三十二号）第百十八条第一項 に規定する放送局設備供給役務に係る事業を除く．）をいう．

五　電気通信事業者　電気通信事業を営むことについて，第九条の登録を受けた者及び第十六条第一項（同条第二項の規定により読み替えて適用する場合を含む．）の規定による届出をした者をいう．

六　電気通信業務　電気通信事業者の行う電気通信役務の提供の業務をいう．

七　利用者　次のイ又はロに掲げる者をいう．

　イ　電気通信事業又は第百六十四条第一項第三号に掲げる電気通信事業（以下「第三号事業」という．）を営む者との間に電気通信役務の提供を受ける契約を締結する者その他これに準ずる者として総務省令で定める者

　ロ　電気通信事業者又は第三号事業を営む者から電気通信役務（これらの者が営む電気通信事業に係るものに限る．）の提供を受ける者（イに掲げる者を除く．）

（検閲の禁止）

第三条　電気通信事業者の取扱中に係る通信は，検閲してはならない．

（秘密の保護）

第四条　電気通信事業者の取扱中に係る通信の秘密は，侵してはならない．

2　電気通信事業に従事する者は，在職中電気通信事業者の取扱中に係る通信に関して知り得た他人の秘密を守らなければならない．その職を退いた後においても，同様とする．

〔途中，省略〕

第二章　電気通信事業
　　第一節　総則

〔途中，省略〕

（基礎的電気通信役務の提供）

第七条　基礎的電気通信役務（国民生活に不可欠であるためあまねく日本全国における提供が確保されるべき次に掲げる電気通信役務をいう．以下同じ．）を提供する電気通信事業者は，その適切，公平かつ安定的な提供に努めなければならない．

　一　電話に係る電気通信役務であつて総務省令で定めるもの（以下「第一号基礎的電気通信役務」という．）

　二　高速度データ伝送電気通信役務（その一端が利用者の電気通信設備と接続される伝送路設備及びこれと一体として設置される電気通信設備であつて，符号，音響又は影像を高速度で送信し，及び受信することが可能なもの（専らインターネットへの接続を可能とする電気通信役務を提供するために設置される電気通信設備として総務省令で定めるものを除く．）を用いて他人の通信を媒介する電気通信役務をいう．第百十条の五第一項において同じ．）であつて総務省令で定めるもの（以下「第二号基礎的電気通信役務」という．）

（重要通信の確保）

第八条　電気通信事業者は，天災，事変その他の非常事態が発生し，又は発生するおそれがあるときは，災害の予防若しくは救援，交通，通信若しくは電力の供給の確保又は秩序の維持のために必要な事項を内容とする通信を優先的に取り扱わなければならない．公共の利益のため緊急に行うことを要するその他の通信であつて総務省令で定めるものについても，同様とする．

2　前項の場合において，電気通信事業者は，必要があるときは，総務省令で定める基準に従い，電気通信業務の一部を停止することができる．

3　電気通信事業者は，第一項に規定する通信（以下「重要通信」という．）の円滑な実施を他の電気通信事業者と相互に連携を図りつつ確保するため，他の電気通

事業者と電気通信設備を相互に接続する場合には，総務省令で定めるところにより，重要通信の優先的な取扱いについて取り決めることその他の必要な措置を講じなければならない．

第二節　電気通信事業の登録等

（電気通信事業の登録）

第九条　電気通信事業を営もうとする者は，総務大臣の登録を受けなければならない．ただし，次に掲げる場合は，この限りでない．

　一　その者の設置する電気通信回線設備（送信の場所と受信の場所との間を接続する伝送路設備及びこれと一体として設置される交換設備並びにこれらの附属設備をいう．以下同じ．）の規模及び当該電気通信回線設備を設置する区域の範囲が総務省令で定める基準を超えない場合

　二　その者の設置する電気通信回線設備が電波法（昭和二十五年法律第百三十一号）第七条第二項第六号に規定する基幹放送に加えて基幹放送以外の無線通信の送信をする無線局の無線設備である場合（前号に掲げる場合を除く．）

第十条　前条の登録を受けようとする者は，総務省令で定めるところにより，次の事項を記載した申請書を総務大臣に提出しなければならない．

　一　氏名又は名称及び住所並びに法人にあつては，その代表者の氏名

　二　外国法人等（外国の法人及び団体並びに外国に住所を有する個人をいう．以下この章及び第百十八条第四号において同じ．）にあつては，国内における代表者又は国内における代理人の氏名又は名称及び国内の住所

　三　業務区域

　四　電気通信設備の概要

　五　その他総務省令で定める事項

2　前項の申請書には，第十二条第一項第一号から第三号までに該当しないことを誓約する書面その他総務省令で定める書類を添付しなければならない．

〔途中，省略〕

（登録の取消し）

第十四条　総務大臣は，第九条の登録を受けた者が次の各号のいずれかに該当するときは，同条の登録を取り消すことができる．

　一　当該第九条の登録を受けた者がこの法律又はこの法律に基づく命令若しくは処分に違反した場合において，公共の利益を阻害すると認めるとき．

　二　不正の手段により第九条の登録，第十二条の二第一項の登録の更新又は前条第一

　　　　項の変更登録を受けたとき.

　三　第十二条第一項第一号から第四号まで（第二号にあつては，この法律に相当する
　　　外国の法令の規定に係る部分に限る.）のいずれかに該当するに至つたとき.

2　第十二条第二項の規定は，前項の場合に準用する.

（登録の抹消）

第十五条　総務大臣は，第十八条の規定による電気通信事業の全部の廃止若しくは解散
の届出があつたとき，第十二条の二第一項の規定により登録がその効力を失つたとき，
又は前条第一項の規定による登録の取消しをしたときは，当該第九条の登録を受けた者
の登録を抹消しなければならない.

（電気通信事業の届出）

第十六条　電気通信事業を営もうとする者（第九条の登録を受けるべき者を除く.）
は，総務省令で定めるところにより，次の事項を記載した書類を添えて，その旨を総務
大臣に届け出なければならない.

　一　氏名又は名称及び住所並びに法人にあつては，その代表者の氏名

　二　外国法人等にあつては，国内における代表者又は国内における代理人の氏名又は
　　　名称及び国内の住所

　三　業務区域

　四　電気通信設備の概要（第四十四条第一項に規定する事業用電気通信設備を設置す
　　　る場合に限る.）

　五　その他総務省令で定める事項

2　電気通信事業者以外の者が第百六十四条第一項第三号の規定により新たに指定を
　　された場合における前項の規定の適用については，同項中「その旨」とあるの
　　は，「第百六十四条第一項第三号の規定により新たに指定をされた日から一月以内
　　に，その旨」とする.

3　第一項（前項の規定により読み替えて適用する場合を含む.第百八十五条第一号
　　を除き，以下同じ.）の届出をした者は，第一項第一号，第二号又は第五号の事項
　　に変更があつたときは，遅滞なく，その旨を総務大臣に届け出なければならない.

4　第一項の届出をした者は，同項第三号又は第四号の事項を変更しようとするとき
　　は，その旨を総務大臣に届け出なければならない.ただし，総務省令で定める軽
　　微な変更については，この限りでない.

5　第一項の届出をした者は，第四十一条第四項の規定により新たに指定をされたと
　　きは，総務省令で定めるところにより，その指定の日から一月以内に，第一項第
　　四号の事項を総務大臣に届け出なければならない.

6　第一項の届出をした者が第百六十四条第一項第三号の規定により新たに指定をさ
　　れた場合において，当該指定により第一項第三号の事項に変更が生じたときにお

ける第四項の規定の適用については，同項中「を変更しようとするときは」とあるのは，「に変更が生じたときは，第百六十四条第一項第三号の規定により新たに指定をされた日から一月以内に」とする．

（承継）

第十七条　電気通信事業の全部の譲渡しがあつたとき，又は電気通信事業者について合併，分割（電気通信事業の全部を承継させるものに限る．）若しくは相続があつたときは，当該電気通信事業の全部を譲り受けた者又は合併後存続する法人若しくは合併により設立した法人，分割により当該電気通信事業の全部を承継した法人若しくは相続人（相続人が二人以上ある場合においてその協議により当該電気通信事業を承継すべき相続人を定めたときは，その者．以下この項において同じ．）は，電気通信事業者の地位を承継する．ただし，当該電気通信事業者が第九条の登録を受けた者である場合において，当該電気通信事業の全部を譲り受けた者又は合併後存続する法人若しくは合併により設立した法人，分割により当該電気通信事業の全部を承継した法人若しくは相続人が第十二条第一項第一号から第四号までのいずれかに該当するときは，この限りでない．

2　前項の規定により電気通信事業者の地位を承継した者は，遅滞なく，その旨を総務大臣に届け出なければならない．

（事業の休止及び廃止並びに法人の解散）

第十八条　電気通信事業者は，電気通信事業の全部又は一部を休止し，又は廃止したときは，遅滞なく，その旨を総務大臣に届け出なければならない．

2　電気通信事業者たる法人が合併以外の事由により解散したときは，その清算人（解散が破産手続開始の決定による場合にあつては，破産管財人）又は外国の法令上これらに相当する者は，遅滞なく，その旨を総務大臣に届け出なければならない．

第三節　電気通信事業者等の業務

（基礎的電気通信役務の届出契約約款）

第十九条　基礎的電気通信役務を提供する電気通信事業者は，その提供する基礎的電気通信役務に関する料金その他の提供条件（第五十二条第一項又は第七十条第一項第一号の規定により認可を受けるべき技術的条件に係る事項及び総務省令で定める事項を除く．第三項及び第二十五条第二項において同じ．）について契約約款を定め，総務省令で定めるところにより，その実施前に，総務大臣に届け出なければならない．これを変更しようとするときも，同様とする．

2　総務大臣は，前項の規定により届け出た契約約款（以下「届出契約約款」という．）が次の各号のいずれかに該当すると認めるときは，当該届出をした基礎的電気通信役務を提供する電気通信事業者に対し，相当の期限を定め，当該届出契約約

約款を変更すべきことを命ずることができる.

一　料金の額の算出方法が適正かつ明確に定められていないとき.

二　電気通信事業者及びその利用者の責任に関する事項並びに電気通信設備の設置の工事その他の工事に関する費用の負担の方法が適正かつ明確に定められていないとき.

三　電気通信回線設備の使用の態様を不当に制限するものであるとき.

四　特定の者に対し不当な差別的取扱いをするものであるとき.

五　重要通信に関する事項について適切に配慮されているものでないとき.

六　他の電気通信事業者との間に不当な競争を引き起こすものであり, その他社会的経済的事情に照らして著しく不適当であるため, 利用者の利益を阻害するものであるとき.

3　基礎的電気通信役務を提供する電気通信事業者は, 次の各号のいずれかに該当する場合を除き, 届出契約約款に定める料金その他の提供条件によらなければ当該基礎的電気通信役務を提供してはならない.

一　次項の規定により届出契約約款に定める当該基礎的電気通信役務の料金を減免する場合

二　当該基礎的電気通信役務（第二号基礎的電気通信役務に限る.）の提供の相手方と料金その他の提供条件について別段の合意がある場合

4　基礎的電気通信役務を提供する電気通信事業者は, 総務省令で定める基準に従い, 届出契約約款に定める当該基礎的電気通信役務の料金を減免することができる.

〔途中, 省略〕

（提供義務）

第二十五条　第一号基礎的電気通信役務を提供する電気通信事業者は, 正当な理由がなければ, その業務区域における当該第一号基礎的電気通信役務の提供を拒んではならない.

2　第二号基礎的電気通信役務を提供する電気通信事業者は, 当該第二号基礎的電気通信役務の提供の相手方と料金その他の提供条件について別段の合意がある場合を除き, 正当な理由がなければ, その業務区域における届出契約約款に定める料金その他の提供条件による当該第二号基礎的電気通信役務の提供を拒んではならない.

3　指定電気通信役務を提供する電気通信事業者は, 当該指定電気通信役務の提供の相手方と料金その他の提供条件について別段の合意がある場合を除き, 正当な理由がなければ, その業務区域における保障契約約款に定める料金その他の提供条件による当該指定電気通信役務の提供を拒んではならない.

付録　関係法令条文　付-1 付-2 付-3 付-4 付-5 付-6 付-7 付-8 付-9 付-10 付-11 付-12

〔途中，省略〕

（業務の停止等の報告）

第二十八条　電気通信事業者は，次に掲げる場合には，その旨をその理由又は原因とともに，遅滞なく，総務大臣に報告しなければならない。

　一　第八条第二項の規定により電気通信業務の一部を停止したとき。

　二　電気通信業務に関し次に掲げる事故が生じたとき。

　　イ　通信の秘密の漏えい

　　ロ　第二十七条の五の規定により指定された電気通信事業者にあつては，特定利用者情報（同条第二号に掲げる情報であつて総務省令で定めるものに限る。）の漏えい

　　ハ　その他総務省令で定める重大な事故

2　電気通信事業者は，前項第二号イからハまでに掲げる事故が生ずるおそれがあると認められる事態として総務省令で定めるものが生じたと認めたときは，その旨をその理由又は原因とともに，遅滞なく，総務大臣に報告しなければならない。

（業務の改善命令）

第二十九条　総務大臣は，次の各号のいずれかに該当すると認めるときは，電気通信事業者に対し，利用者の利益又は公共の利益を確保するために必要な限度において，業務の方法の改善その他の措置をとるべきことを命ずることができる。

　一　電気通信事業者の業務の方法に関し通信の秘密の確保に支障があるとき。

　二　電気通信事業者が特定の者に対し不当な差別的取扱いを行つているとき。

　三　電気通信事業者が重要通信に関する事項について適切に配慮していないとき。

　四　電気通信事業者が提供する電気通信役務（基礎的電気通信役務（届出契約約款に定める料金その他の提供条件により提供されるものに限る。）又は指定電気通信役務（保障契約約款に定める料金その他の提供条件により提供されるものに限る。）を除く。次号から第七号までにおいて同じ。）に関する料金についてその額の算出方法が適正かつ明確でないため，利用者の利益を阻害しているとき。

　五　電気通信事業者が提供する電気通信役務に関する料金その他の提供条件が他の電気通信事業者との間に不当な競争を引き起こすものであり，その他社会的経済的事情に照らして著しく不適当であるため，利用者の利益を阻害しているとき。

　六　電気通信事業者が提供する電気通信役務に関する提供条件（料金を除く。次号において同じ。）において，電気通信事業者及びその利用者の責任に関する事項並びに電気通信設備の設置の工事その他の工事に関する費用の負担の方法が適正かつ明確でないため，利用者の利益を阻害しているとき。

　七　電気通信事業者が提供する電気通信役務に関する提供条件が電気通信回線設備の使用の態様を不当に制限するものであるとき。

八　事故により電気通信役務の提供に支障が生じている場合に電気通信事業者がその支障を除去するために必要な修理その他の措置を速やかに行わないとき．

九　電気通信事業者が国際電気通信事業に関する条約その他の国際約束により課された義務を誠実に履行していないため，公共の利益が著しく阻害されるおそれがあるとき．

十　電気通信事業者が電気通信設備の接続，共用又は卸電気通信役務（電気通信事業者の電気通信事業の用に供する電気通信役務をいう．以下同じ．）の提供について特定の電気通信事業者に対し不当な差別的取扱いを行いその他これらの業務に関し不当な運営を行つていることにより他の電気通信事業者の業務の適正な実施に支障が生じているため，公共の利益が著しく阻害されるおそれがあるとき．

十一　電気通信回線設備を設置することなく電気通信役務を提供する電気通信事業の経営によりこれと電気通信役務に係る需要を共通とする電気通信回線設備を設置して電気通信役務を提供する電気通信事業の当該需要に係る電気通信回線設備の保持が経営上困難となるため，公共の利益が著しく阻害されるおそれがあるとき．

十二　前各号に掲げるもののほか，電気通信事業者の事業の運営が適正かつ合理的でないため，電気通信の健全な発達又は国民の利便の確保に支障が生ずるおそれがあるとき．

2　総務大臣は，次の各号のいずれかに該当するときは，当該各号に定める者に対し，利用者の利益を確保するために必要な限度において，業務の方法の改善その他の措置をとるべきことを命ずることができる．

一　電気通信事業者が第二十六条第一項，第二十六条の二第一項，第二十六条の四第一項，第二十七条，第二十七条の二，第二十七条の四又は第二十七条の十二の規定に違反したとき　当該電気通信事業者

二　第二十七条の三第一項の規定により指定された電気通信事業者が同条第二項の規定に違反したとき　当該電気通信事業者

三　第二十七条の五の規定により指定された電気通信事業者が第二十七条の八又は第二十七条の九の規定に違反したとき　当該電気通信事業者

四　第三号事業を営む者が第二十七条の十二の規定に違反したとき　当該第三号事業を営む者

〔途中，省略〕

（電気通信回線設備との接続）
第三十二条　電気通信事業者は，他の電気通信事業者から当該他の電気通信事業者の電気通信設備をその設置する電気通信回線設備に接続すべき旨の請求を受けたときは，次に掲げる場合を除き，これに応じなければならない．

一　電気通信役務の円滑な提供に支障が生ずるおそれがあるとき．

二　当該接続が当該電気通信事業者の利益を不当に害するおそれがあるとき．

三　前二号に掲げる場合のほか，総務省令で定める正当な理由があるとき．

〔途中，省略〕

第四節　電気通信設備
第一款　電気通信事業の用に供する電気通信設備

（電気通信設備の維持）

第四十一条　電気通信回線設備を設置する電気通信事業者は，その電気通信事業の用に供する電気通信設備（第三項に規定する電気通信設備，専らドメイン名電気通信役務を提供する電気通信事業の用に供する電気通信設備及びその損壊又は故障等による利用者の利益に及ぼす影響が軽微なものとして総務省令で定める電気通信設備を除く．）を総務省令で定める技術基準に適合するように維持しなければならない．

2　基礎的電気通信役務を提供する電気通信事業者は，その基礎的電気通信役務を提供する電気通信事業の用に供する電気通信設備（前項及び次項に規定する電気通信設備並びに専らドメイン名電気通信役務を提供する電気通信事業の用に供する電気通信設備を除く．）を総務省令で定める技術基準に適合するように維持しなければならない．

3　第百八条第一項の規定により指定された第一種適格電気通信事業者は，その第一号基礎的電気通信役務を提供する電気通信事業の用に供する電気通信設備（専らドメイン名電気通信役務を提供する電気通信事業の用に供する電気通信設備を除く．）を総務省令で定める技術基準に適合するように維持しなければならない．

4　総務大臣は，総務省令で定めるところにより，電気通信役務（基礎的電気通信役務及びドメイン名電気通信役務を除く．）のうち，内容，利用者の範囲等からみて利用者の利益に及ぼす影響が大きいものとして総務省令で定める電気通信役務を提供する電気通信事業者を，その電気通信事業の用に供する電気通信設備を適正に管理すべき電気通信事業者として指定することができる．

5　前項の規定により指定された電気通信事業者は，同項の総務省令で定める電気通信役務を提供する電気通信事業の用に供する電気通信設備（第一項に規定する電気通信設備を除く．）を総務省令で定める技術基準に適合するように維持しなければならない．

6　第一項から第三項まで及び前項の技術基準は，これにより次の事項が確保されるものとして定められなければならない．

一　電気通信設備の損壊又は故障により，電気通信役務の提供に著しい支障を及ぼさないようにすること．

二　電気通信役務の品質が適正であるようにすること．

三　通信の秘密が侵されないようにすること.
　四　利用者又は他の電気通信事業者の接続する電気通信設備を損傷し，又はその機能
　　　に障害を与えないようにすること.
　五　他の電気通信事業者の接続する電気通信設備との責任の分界が明確であるように
　　　すること.

第四十一条の二　ドメイン名電気通信役務を提供する電気通信事業者は，そのドメイン
名電気通信役務を提供する電気通信事業の用に供する電気通信設備を当該電気通信設備
の管理に関する国際的な標準に適合するように維持しなければならない.

（電気通信事業者による電気通信設備の自己確認）
第四十二条　電気通信回線設備を設置する電気通信事業者は，第四十一条第一項に規定
する電気通信設備の使用を開始しようとするときは，当該電気通信設備（総務省令で定
めるものを除く.）が，同項の総務省令で定める技術基準に適合することについて，総
務省令で定めるところにより，自ら確認しなければならない.
2　電気通信回線設備を設置する電気通信事業者は，第十条第一項第四号又は第十六
　　条第一項第四号の事項を変更しようとするときは，当該変更後の第四十一条第一
　　項に規定する電気通信設備（前項の総務省令で定めるものを除く.）が，同条第一
　　項の総務省令で定める技術基準に適合することについて，総務省令で定めるとこ
　　ろにより，自ら確認しなければならない.
3　電気通信回線設備を設置する電気通信事業者は，第一項又は前項の規定により確
　　認した場合には，当該各項に規定する電気通信設備の使用の開始前に，総務省令
　　で定めるところにより，その結果を総務大臣に届け出なければならない.
4　前三項の規定は，基礎的電気通信役務を提供する電気通信事業者について準用す
　　る．この場合において，第一項及び第二項中「第四十一条第一項」とあるのは
　　「第四十一条第二項」と，同項中「同条第一項」とあるのは「同条第二項」と読み
　　替えるものとする.
5　第一項から第三項までの規定は，第百八条第一項の規定により指定された第一種
　　適格電気通信事業者について準用する．この場合において，第一項及び第二項中
　　「第四十一条第一項」とあるのは「第四十一条第三項」と，同項中「同条第一項」
　　とあるのは「同条第三項」と読み替えるものとする.
6　第一項から第三項までの規定は，第四十一条第四項の規定により指定された電気
　　通信事業者について準用する．この場合において，第一項及び第二項中「第四十
　　一条第一項」とあるのは「第四十一条第五項」と，同項中「同条第一項」とある
　　のは「同条第五項」と読み替えるものとする.
7　第四十一条第四項の規定により新たに指定をされた電気通信事業者がその指定の
　　日以後最初に前項において読み替えて準用する第一項の規定によりすべき確認及

び当該確認に係る前項において準用する第三項の規定により総務大臣に対してすべき届出については、前項において読み替えて準用する第一項中「第四十一条第五項に規定する電気通信設備の使用を開始しようとするときは、当該」とあるのは「第四十一条第四項の規定により新たに指定をされた日から三月以内に、同条第五項に規定する」と、前項において準用する第三項中「当該各項に規定する電気通信設備の使用の開始前に」とあるのは「遅滞なく」とする。

（技術基準適合命令）

第四十三条　総務大臣は、第四十一条第一項に規定する電気通信設備が同項の総務省令で定める技術基準に適合していないと認めるときは、当該電気通信設備を設置する電気通信事業者に対し、その技術基準に適合するように当該設備を修理し、若しくは改造することを命じ、又はその使用を制限することができる。

2　前項の規定は、第四十一条第二項、第三項又は第五項に規定する電気通信設備が当該各項の総務省令で定める技術基準に適合していないと認める場合について準用する。

（管理規程）

第四十四条　電気通信事業者は、総務省令で定めるところにより、第四十一条第一項から第五項まで（第四項を除く。）又は第四十一条の二のいずれかに規定する電気通信設備（以下「事業用電気通信設備」という。）の管理規程を定め、電気通信事業の開始前に、総務大臣に届け出なければならない。

2　管理規程は、電気通信役務の確実かつ安定的な提供を確保するために電気通信事業者が遵守すべき次に掲げる事項に関し、総務省令で定めるところにより、必要な内容を定めたものでなければならない。

一　電気通信役務の確実かつ安定的な提供を確保するための事業用電気通信設備の管理の方針に関する事項

二　電気通信役務の確実かつ安定的な提供を確保するための事業用電気通信設備の管理の体制に関する事項

三　電気通信役務の確実かつ安定的な提供を確保するための事業用電気通信設備の管理の方法に関する事項

四　第四十四条の三第一項に規定する電気通信設備統括管理者の選任に関する事項

3　電気通信事業者は、管理規程を変更したときは、遅滞なく、変更した事項を総務大臣に届け出なければならない。

4　第四十一条第四項の規定により新たに指定をされた電気通信事業者がその指定の日以後最初に第一項の規定により総務大臣に対してすべき届出については、同項中「電気通信事業の開始前に」とあるのは、「第四十一条第四項の規定により新たに指定をされた日から三月以内に」とする。

（管理規程の変更命令等）

第四十四条の二　総務大臣は，電気通信事業者が前条第一項又は第三項の規定により届け出た管理規程が同条第二項の規定に適合しないと認めるときは，当該電気通信事業者に対し，これを変更すべきことを命ずることができる．

2　総務大臣は，電気通信事業者が管理規程を遵守していないと認めるときは，当該電気通信事業者に対し，電気通信役務の確実かつ安定的な提供を確保するために必要な限度において，管理規程を遵守すべきことを命ずることができる．

（電気通信設備統括管理者）

第四十四条の三　電気通信事業者は，第四十四条第二項第一号から第三号までに掲げる事項に関する業務を統括管理させるため，事業運営上の重要な決定に参画する管理的地位にあり，かつ，電気通信設備の管理に関する一定の実務の経験その他の総務省令で定める要件を備える者のうちから，総務省令で定めるところにより，電気通信設備統括管理者を選任しなければならない．

2　電気通信事業者は，電気通信設備統括管理者を選任し，又は解任したときは，総務省令で定めるところにより，遅滞なく，その旨を総務大臣に届け出なければならない．

3　第四十一条第四項の規定により新たに指定をされた電気通信事業者がその指定の日以後最初に第一項の規定によりすべき選任は，その指定の日から三月以内にしなければならない．

（電気通信設備統括管理者等の義務）

第四十四条の四　電気通信設備統括管理者は，誠実にその職務を行わなければならない．

2　電気通信事業者は，電気通信役務の確実かつ安定的な提供の確保に関し，電気通信設備統括管理者のその職務を行う上での意見を尊重しなければならない．

（電気通信設備統括管理者の解任命令）

第四十四条の五　総務大臣は，電気通信設備統括管理者がその職務を怠つた場合であつて，当該電気通信設備統括管理者が引き続きその職務を行うことが電気通信役務の確実かつ安定的な提供の確保に著しく支障を及ぼすおそれがあると認めるときは，電気通信事業者に対し，当該電気通信設備統括管理者を解任すべきことを命ずることができる．

（電気通信主任技術者）

第四十五条　電気通信事業者は，事業用電気通信設備の工事，維持及び運用に関し総務省令で定める事項を監督させるため，総務省令で定めるところにより，電気通信主任技術者資格者証の交付を受けている者のうちから，電気通信主任技術者を選任しなければならない．ただし，その事業用電気通信設備が小規模である場合その他の総務省令で定

める場合は，この限りでない．

2　電気通信事業者は，前項の規定により電気通信主任技術者を選任したときは，遅滞なく，その旨を総務大臣に届け出なければならない．これを解任したときも，同様とする．

3　第四十一条第四項の規定により新たに指定をされた電気通信事業者がその指定の日以後最初に第一項の規定によりすべき選任は，その指定の日から三月以内にしなければならない．

（電気通信主任技術者資格者証）

第四十六条　電気通信主任技術者資格者証の種類は，伝送交換技術及び線路技術について総務省令で定める．

2　電気通信主任技術者資格者証の交付を受けている者が監督することができる電気通信設備の工事，維持及び運用に関する事項の範囲は，前項の電気通信主任技術者資格者証の種類に応じて総務省令で定める．

3　総務大臣は，次の各号のいずれかに該当する者に対し，電気通信主任技術者資格者証を交付する．

一　電気通信主任技術者試験に合格した者

二　電気通信主任技術者資格者証の交付を受けようとする者の養成課程で，総務大臣が総務省令で定める基準に適合するものであることの認定をしたものを修了した者

三　前二号に掲げる者と同等以上の専門的知識及び能力を有すると総務大臣が認定した者

4　総務大臣は，前項の規定にかかわらず，次の各号のいずれかに該当する者に対しては，電気通信主任技術者資格者証の交付を行わないことができる．

一　次条の規定により電気通信主任技術者資格者証の返納を命ぜられ，その日から一年を経過しない者

二　この法律の規定により罰金以上の刑に処せられ，その執行を終わり，又はその執行を受けることがなくなつた日から二年を経過しない者

5　電気通信主任技術者資格者証の交付に関する手続的事項は，総務省令で定める．

（電気通信主任技術者資格者証の返納）

第四十七条　総務大臣は，電気通信主任技術者資格者証を受けている者がこの法律又はこの法律に基づく命令の規定に違反したときは，その電気通信主任技術者資格者証の返納を命ずることができる．

（電気通信主任技術者試験）

第四十八条　電気通信主任技術者試験は，電気通信設備の工事，維持及び運用に関して

必要な専門的知識及び能力について行う．

2　電気通信主任技術者試験は，電気通信主任技術者資格者証の種類ごとに，総務大臣が行う．

3　電気通信主任技術者試験の試験科目，受験手続その他電気通信主任技術者試験の実施細目は，総務省令で定める．

(電気通信主任技術者の義務)

第四十九条　電気通信主任技術者は，事業用電気通信設備の工事，維持及び運用に関する事項の監督の職務を誠実に行わなければならない．

2　電気通信事業者は，電気通信主任技術者に対し，その職務の執行に必要な権限を与えなければならない．

3　電気通信事業者は，電気通信主任技術者のその職務を行う事業場における事業用電気通信設備の工事，維持又は運用に関する助言を尊重しなければならず，事業用電気通信設備の工事，維持又は運用に従事する者は，電気通信主任技術者がその職務を行うため必要であると認めてする指示に従わなければならない．

4　電気通信事業者は，総務省令で定める期間ごとに，電気通信主任技術者に，第八十五条の二第一項の規定により登録を受けた者（以下「登録講習機関」という．）が行う事業用電気通信設備の工事，維持及び運用に関する事項の監督に関する講習（第六節第二款，第百七十四条第一項第四号及び別表第一において「講習」という．）を受けさせなければならない．

〔途中，省略〕

第三款　端末設備の接続等

(端末設備の接続の技術基準)

第五十二条　電気通信事業者は，利用者から端末設備（電気通信回線設備の一端に接続される電気通信設備であつて，一の部分の設置の場所が他の部分の設置の場所と同一の構内（これに準ずる区域内を含む．）又は同一の建物内であるものをいう．以下同じ．）をその電気通信回線設備（その損壊又は故障等による利用者の利益に及ぼす影響が軽微なものとして総務省令で定めるものを除く．第六十九条第一項及び第二項並びに第七十条第一項において同じ．）に接続すべき旨の請求を受けたときは，その接続が総務省令で定める技術基準（当該電気通信事業者又は当該電気通信事業者とその電気通信設備を接続する他の電気通信事業者であつて総務省令で定めるものが総務大臣の認可を受けて定める技術的条件を含む．次項並びに第六十九条第一項及び第二項において同じ．）に適合しない場合その他総務省令で定める場合を除き，その請求を拒むことができない．

2　前項の総務省令で定める技術基準は，これにより次の事項が確保されるものとし

て定められなければならない.

　一　電気通信回線設備を損傷し, 又はその機能に障害を与えないようにすること.

　二　電気通信回線設備を利用する他の利用者に迷惑を及ぼさないようにすること.

　三　電気通信事業者の設置する電気通信回線設備と利用者の接続する端末設備との責任の分界が明確であるようにすること.

〔以下, 省略〕

付-2　電気通信事業法施行規則

最終改正：令和四年九月一日総務省令第五十八号

第一章　総則

（目的）

第一条　この規則は，別に定めるもののほか，電気通信事業法（昭和五十九年法律第八十六号．以下「法」という．）の規定を施行するために必要とする事項及び法の委任に基づく事項を定めることを目的とする．

（用語）

第二条　この省令において使用する用語は，法において使用する用語の例による．

2　この省令において，次の各号に掲げる用語の意義は，当該各号に定めるところによる．

一　音声伝送役務　おおむね四キロヘルツ帯域の音声その他の音響を伝送交換する機能を有する電気通信設備を他人の通信の用に供する電気通信役務であつてデータ伝送役務以外のもの

二　データ伝送役務　専ら符号又は影像を伝送交換するための電気通信設備を他人の通信の用に供する電気通信役務

三　専用役務　特定の者に電気通信設備を専用させる電気通信役務

四　特定移動通信役務　法第十二条の二第四項第二号ニに規定する特定移動端末設備と接続される伝送路設備を用いる電気通信役務

五　全部認定事業者　その電気通信事業の全部について法第百十七条第一項の認定（法第百二十二条第一項の変更の認定があつた場合は当該変更の認定．第七号において同じ．）を受けている認定電気通信事業者

六　全部認定証　第四十条の十一第一項に規定する認定証

七　一部認定事業者　その電気通信事業の一部について認定を受けている認定電気通信事業者

八　一部認定証　第四十条の十一第二項に規定する認定証

第二章　電気通信事業
第一節　電気通信事業の登録等

（登録を要しない電気通信事業）

第三条　法第九条第一号の総務省令で定める基準は，設置する電気通信回線設備が次の各号のいずれにも該当することとする．

一　端末系伝送路設備（端末設備又は自営電気通信設備と接続される伝送路設備をいう．以下同じ．）の設置の区域が一の市町村（特別区を含む．）の区域（地方自治法（昭和二十二年法律第六十七号）第二百五十二条の十九第一項の指定都市（次項において単に「指定都市」という．）にあつてはその区又は総合区の区域）を超えないこと．

二　中継系伝送路設備（端末系伝送路設備以外の伝送路設備をいう．以下同じ．）の設置の区間が一の都道府県の区域を超えないこと．

2　都道府県，市町村（特別区を含む．）又は指定都市の区若しくは総合区の区域の変更により，法第十六条の届出をした電気通信事業者の設置する電気通信回線設備が前項に定める基準に該当しないこととなつたときは，当該電気通信事業者は，当該変更があつた日から起算して六月を経過する日までの間は，法第九条の登録を受けないで，電気通信事業を従前の例により引き続き営むことができる．その者がその期間内に同条の登録の申請をした場合において，その期間を経過したときは，その申請について登録又は登録の拒否があるまでの間も，同様とする．

〔途中，省略〕

第五章　雑則

（緊急に行うことを要する通信）

第五十五条　法第八条第一項の総務省令で定める通信は，次の表の上欄に掲げる事項を内容とする通信であつて，同表の下欄に掲げる機関等において行われるものとする．

通信の内容	機関等
一　火災，集団的疫病，交通機関の重大な事故その他人命の安全に係る事態が発生し，又は発生するおそれがある場合において，その予防，救援，復旧等に関し，緊急を要する事項	(1)　予防，救援，復旧等に直接関係がある機関相互間 (2)　上記の事態が発生し，又は発生するおそれがあることを知つた者と(1)の機関との間
二　治安の維持のため緊急を要する事項	(1)　警察機関相互間 (2)　海上保安機関相互間 (3)　警察機関と海上保安機関との間 (4)　犯罪が発生し，又は発生するおそれがあることを知つた者と警察機関又は海上保安機関との間
三　国会議員又は地方公共団体の長若しくはその議会の議員の選挙の執行又はその結果に関し，緊急を要する事項	選挙管理機関相互間

四 天災，事変その他の災害に際し，災害状況の報道を内容とするもの	新聞社等の機関相互間
五 気象，水象，地象若しくは地動の観測の報告又は警報に関する事項であつて，緊急に通報することを要する事項	気象機関相互間
六 水道，ガス等の国民の日常生活に必要不可欠な役務の提供その他生活基盤を維持するため緊急を要する事項	上記の通信を行う者相互間

（業務の停止）

第五十六条　法第八条第二項 の総務省令で定める基準は，次のとおりとする．

一　次に掲げる機関であつて総務大臣が別に告示により指定するものが重要通信を行うため他の通信の接続を制限又は停止すること．

　　イ　気象機関

　　ロ　水防機関

　　ハ　消防機関

　　ニ　災害救助機関

　　ホ　秩序の維持に直接関係がある機関

　　ヘ　防衛に直接関係がある機関

　　ト　海上の保安に直接関係がある機関

　　チ　輸送の確保に直接関係がある機関

　　リ　通信役務の提供に直接関係がある機関

　　ヌ　電力の供給に直接関係がある機関

　　ル　水道の供給に直接関係がある機関

　　ヲ　ガスの供給に直接関係がある機関

　　ワ　選挙管理機関

　　カ　新聞社等の機関

　　ヨ　金融機関

　　タ　その他重要通信を取り扱う国又は地方公共団体の機関

二　前号の場合において，停止又は制限される通信は，重要通信を確保するため必要最小限のものでなければならない．

（重要通信の優先的取扱いについての取り決めるべき事項）

第五十六条の二　電気通信事業者は，他の電気通信事業者と電気通信設備を相互に接続する場合には，当該他の電気通信事業者との間で，次の各号に掲げる事項を取り決めなければならない．

一　重要通信を確保するために必要があるときは，他の通信を制限し，又は停止すること．

二　電気通信設備の工事又は保守等により相互に接続する電気通信設備の接続点における重要通信の取扱いを一時的に中断する場合は，あらかじめその旨を通知すること．

三　重要通信を識別することができるよう重要通信に付される信号を識別した場合は，当該重要通信を優先的に取り扱うこと．

（業務の停止等の報告）

第五十七条　法第二十八条の規定による報告をしようとする者は，報告を要する事由が発生した後（通信の秘密の漏えいに係るものにあつては，それを知つた後）速やかにその発生日時及び場所，概要，理由又は原因，措置模様その他参考となる事項について適当な方法により報告するとともに，その詳細について次の表の上欄に掲げる報告の事由の区分に応じ，それぞれ同表の中欄に掲げる様式により同表の下欄に掲げる報告期限までに報告書を提出しなければならない．

報告の事由	様式	報告期限
一　法第八条第二項の規定による電気通信業務の一部の停止	様式第五十	法第八条第二項の規定により電気通信業務の一部を停止した日から三十日以内
二　通信の秘密の漏えい	様式第五十の二	電気通信業務に関し通信の秘密の漏えいを知つた日から三十日以内
三　第五十八条で定める重大な事故	様式第五十の三	その重大な事故が発生した日から三十日以内

（報告を要する重大な事故）

第五十八条　法第二十八条の総務省令で定める重大な事故は，次のとおりとする．

一　次の表の上欄に掲げる電気通信役務の区分に応じ，それぞれ同表の中欄に掲げる時間以上電気通信設備の故障により電気通信役務の全部又は一部（付加的な機能の提供に係るものを除く．）の提供を停止又は品質を低下させた事故（他の電気通信事業者の電気通信設備の故障によるものを含む．）であつて，当該電気通信役務の提供の停止又は品質の低下を受けた利用者の数（総務大臣が当該利用者の数の把握が困難であると認めるものにあつては，総務大臣が別に告示する基準に該当するもの）がそれぞれ同表の下欄に掲げる数以上のもの

電気通信役務の区分	時間	利用者の数
一　緊急通報を取り扱う音声伝送役務	一時間	三万
二　緊急通報を取り扱わない音声伝送役務	二時間	三万
	一時間	十万
三　セルラーLPWA（無線設備規則第四十九条の六の九第一項及び第五項又は同条第一項及び第六項で定める条件に適合する無線設備をいう.）を使用する携帯電話（一の項又は二の項に掲げる電気通信役務を除く.）及び電気通信事業報告規則第一条第二項第十八号に規定するアンライセンスLPWAサービス	十二時間	三万
	二時間	百万
四　利用者から電気通信役務の提供の対価としての料金の支払を受けないインターネット関連サービス（一の項から三の項までに掲げる電気通信役務を除く.）	二十四時間	十万
	十二時間	百万
五　一の項から四の項までに掲げる電気通信役務以外の電気通信役務	二時間	三万
	一時間	百万

　二　電気通信事業者が設置した衛星，海底ケーブルその他これに準ずる重要な電気通信設備の故障により，当該電気通信設備を利用する全ての通信の疎通が二時間以上不能となる事故

〔以下，省略〕

Note...

付-3 電気通信主任技術者規則

最終改正：令和三年四月二十三日総務省令第四十九号

第一章　総則

(目的)

第一条　この規則は，別に定めるものを除くほか，電気通信主任技術者に関する事項を定めることを目的とする．

(用語)

第二条　この規則において使用する用語は，電気通信事業法（昭和五十九年法律第八十六号．以下「法」という．）において使用する用語の例による．

(電気通信主任技術者の選任等)

第三条　法第四十五条第一項の規定による電気通信主任技術者の選任は，次に掲げるところによるものとする．

　一　次の表の上欄に掲げる事業用電気通信設備を直接に管理する事業場ごとに，それぞれ当該事業場に常に勤務する者であつて，同表の下欄に掲げるもののうちから行うこと．

イ	事業用電気通信設備（線路設備及びこれに附属する設備を除く．）	伝送交換主任技術者資格者証の交付を受けている者
ロ	線路設備及びこれに附属する設備	線路主任技術者資格者証の交付を受けている者

　二　業務区域が一の都道府県の区域を超える電気通信事業者にあつては，前号の規定によるほか，事業用電気通信設備を設置する都道府県ごとに，前号の表の上欄に掲げる事業用電気通信設備の種別に応じ，それぞれ当該都道府県に常に勤務する者であつて，同表の下欄に掲げるもののうちから行うこと．

2　前項各号の規定にかかわらず，総務大臣が別に告示する場合は，前項第一号の表の上欄に掲げる事業用電気通信設備の種別に応じ，同号の規定による選任に代えて同号の事業場を直接統括する事業場ごとに電気通信主任技術者を選任し，又は当該電気通信主任技術者若しくは前項各号の規定により選任された電気通信主任技術者に他の事業場若しくは都道府県において選任すべき電気通信主任技術者を兼ねさせることができる．

（選任等の届出）

第四条　法第四十五条第二項の規定による届出をしようとする者は，別表第一号様式の電気通信主任技術者選任又は解任届出書を総務大臣に提出しなければならない．

〔途中，省略〕

第五章　電気通信主任技術者資格者証の交付

（資格者証の交付の申請）

第三十九条　法第四十六条第三項 各号のいずれかに該当する者であつて，資格者証の交付を受けようとするものは，別表第十二号様式の電気通信主任技術者資格者証交付申請書に次に掲げる書類を添えて，総務大臣に提出しなければならない．

　一　氏名及び生年月日を証明する書類

　二　写真（申請前六月以内に撮影した無帽，正面，上三分身，無背景の縦三〇ミリメートル，横二四ミリメートルのもので，裏面に申請に係る資格及び氏名を記載したものとする．第四十二条において同じ．）一枚

　三　養成課程（交付を受けようとする資格者証に係るものに限る．）の修了証明書（養成課程の修了に伴い資格者証の交付を受けようとする者の場合に限る．）

　2　前項の資格者証の交付の申請は，試験に合格した日，第三章に規定する養成課程を修了した日又は第四章に規定する認定を受けた日から三月以内に行わなければならない．

（資格者証の交付）

第四十条　総務大臣は，前条の申請があつたときは，別表第十三号様式の資格者証を交付する．

　2　前項の規定により資格者証の交付を受けた者は，事業用電気通信設備の工事，維持及び運用に関する専門的な知識及び能力の向上を図るように努めなければならない．

〔途中，省略〕

（資格者証の再交付）

第四十二条　資格者証の交付を受けている者は，氏名に変更を生じたとき又は資格者証を汚し，破り若しくは失つたために資格者証の再交付の申請をしようとするときは，別表第十四号様式の申請書に次に掲げる書類を添えて，総務大臣に提出しなければならない．

　一　資格者証（資格者証を失つた場合を除く．）

二　写真一枚

　三　氏名の変更の事実を証する書類（氏名に変更を生じたときに限る．）

2　総務大臣は，前項の申請があつたときは，資格者証を再交付する．

（資格者証の返納）

第四十三条　法第四十七条　の規定により資格者証の返納を命ぜられた者は，その処分を受けた日から十日以内にその資格者証を総務大臣に返納しなければならない．資格者証の再交付を受けた後，失つた資格者証を発見したときも同様とする．

2　資格者証の交付を受けている者が死亡し，又は失そうの宣告を受けたときは，戸籍法（昭和二十二年法律第二百二十四号）による死亡又は失そう宣告の届出義務者は，遅滞なくその資格者証を総務大臣に返納しなければならない．

（添付書類の省略）

第四十三条の二　第三十九条第一項の規定にかかわらず，資格者証の交付を受けようとする者は，次のいずれかに該当するときは，第三十九条第一項第一号の書類の添付を要しない．

　一　総務大臣が住民基本台帳法（昭和四十二年法律第八十一号）第三十条の九の規定により，地方公共団体情報システム機構から資格者証の交付を受けようとする者に係る同条に規定する機構保存本人確認情報（同法第七条第八号の二に規定する個人番号を除く．）の提供を受けるとき．

　二　資格者証の交付を受けようとする者が他の電気通信主任技術者資格者証の交付を受けており，当該電気通信主任技術者資格者証の番号を第三十九条第一項の申請書に記載するとき．

　三　資格者証の交付を受けようとする者が法第七十二条第二項　において準用する法第四十六条第三項　の規定により，工事担任者資格者証の交付を受けており，当該工事担任者資格者証の番号を第三十九条第一項の申請書に記載するとき．

　四　資格者証の交付を受けようとする者が電波法第四十条第一項　の規定に係る無線従事者免許証の交付を受けており，当該無線従事者免許証の番号を第三十九条第一項の申請書に記載するとき．

（講習の期間）

第四十三条の三　電気通信事業者は，法第四十九条第四項の規定により電気通信主任技術者を選任したときは，その電気通信主任技術者資格者証の種類に応じ，当該電気通信主任技術者に選任した日から一年以内に事業用電気通信設備の工事，維持及び運用に関する事項の監督に関し登録講習機関が行う講習（以下この条において「講習」という．）を受けさせなければならない．ただし，当該電気通信主任技術者が，次の各号のいずれかに該当する者である場合は，この限りでない．

一　電気通信主任技術者資格者証の交付を受けた日から二年を経過しない者（次号に該当する者を除く.）

二　講習の修了証の交付を受けた日から二年を経過しない者

2　電気通信事業者は，前項第一号に該当する者を電気通信主任技術者に選任したときは，その電気通信主任技術者資格者証の種類に応じ，当該電気通信主任技術者に電気通信主任技術者資格者証の交付を受けた日から三年以内に講習を受けさせなければならない.

3　電気通信事業者は，電気通信主任技術者資格者証の種類に応じ講習を受けた電気通信主任技術者に，その講習の行われた日の属する月の翌月の一日から起算して三年以内に講習を受けさせなければならない.

4　前三項の規定にかかわらず，総務大臣が当該規定によることが困難又は著しく不合理であると認めるときは，総務大臣が別に告示するところによる.

〔以下，省略〕

Note...

付-4 事業用電気通信設備規則

最終改正：令和三年四月一日総務省令第二十三号

第一章 総則

（目的）

第一条 この規則は，電気通信事業法（昭和五十九年法律第八十六号．以下「法」という．）第四十一条第一項から第三項まで及び第五項の規定に基づく技術基準を定めることを目的とする．

（適用の範囲）

第二条 この規則のうち，第一章及び第六章は全ての事業用電気通信設備について，第二章は法第四十一条第一項に規定する電気通信設備について，第三章は同条第二項に規定する電気通信設備について，第四章は同条第三項に規定する電気通信設備について，第五章は同条第五項に規定する電気通信設備について，それぞれ適用する．

（定義）

第三条 この規則において使用する用語は，法において使用する用語の例による．

2 この規則の規定の解釈については，次の定義に従うものとする．

　一 「音声伝送役務」とは，電気通信事業法施行規則（昭和六十年郵政省令第二十五号）第二条第二項第一号に規定する音声伝送役務をいう．

　二 「専用役務」とは，電気通信事業法施行規則第二条第二項第三号に規定する専用役務をいう．

　三 「アナログ電話用設備」とは，事業用電気通信設備のうち，端末設備又は自営電気通信設備（以下「端末設備等」という．）を接続する点においてアナログ信号を入出力するものであつて，主として音声の伝送交換を目的とする電気通信役務の提供の用に供するものをいう．

　四 「二線式アナログ電話用設備」とは，アナログ電話用設備のうち，事業用電気通信設備と端末設備等を接続する点において二線式の接続形式を有するものをいう．

　四の二 「メタルインターネットプロトコル電話用設備」とは，二線式アナログ電話用設備のうち，他の電気通信事業者の電気通信設備を接続する点においてインターネットプロトコルを使用するもの（次号に規定するものを除く．）をいう．

　四の三 「ワイヤレス固定電話用設備」とは，二線式アナログ電話用設備のうち，適格電気通信事業者が基礎的電気通信役務を提供する電気通信事業の用に供する電気通信設備であつて，その伝送路設備の一部に他の電気通信事業者が設置する携帯電話用設備を用いるものをいう．

五　「総合デジタル通信用設備」とは，事業用電気通信設備のうち，主として六四キロビット毎秒を単位とするデジタル信号の伝送速度により，符号，音声その他の音響又は影像を統合して伝送交換することを目的とする電気通信役務の提供の用に供するものをいう．

五の二　「インターネットプロトコルを用いた総合デジタル通信用設備」とは，総合デジタル通信用設備のうち，他の電気通信事業者の電気通信設備を接続する点においてインターネットプロトコルを使用するものをいう．

六　「インターネットプロトコル電話用設備」とは，事業用電気通信設備のうち，端末設備等をインターネットプロトコルを使用してパケット交換網に接続するもの（次号に規定するものを除く．）であつて，音声伝送役務の提供の用に供するものをいう．

七　「携帯電話用設備」とは，事業用電気通信設備のうち，無線設備規則（昭和二十五年電波監理委員会規則第十八号）第三条第一号に規定する携帯無線通信による電気通信役務の提供の用に供するものをいう．

八　「PHS用設備」とは，事業用電気通信設備のうち，電波法施行規則（昭和二十五年電波監理委員会規則第十四号）第六条第四項第六号に規定するPHSの陸上移動局との間で行われる無線通信による電気通信役務の提供の用に供するものをいう．

九　「アナログ電話用設備等」とは，アナログ電話用設備，総合デジタル通信用設備（音声伝送役務の提供の用に供するものに限る．），電気通信番号規則（令和元年総務省令第四号）別表第一号に掲げる固定電話番号を使用して電気通信役務を提供するインターネットプロトコル電話用設備，携帯電話用設備及びPHS用設備をいう．

十　「特定端末設備」とは，自らの電気通信事業の用に供する端末設備であつて事業用電気通信設備であるもののうち，自ら設置する電気通信回線設備の一端に接続されるものをいう．

十一　「直流回路」とは，電気通信回線設備に接続して電気通信事業者の交換設備の動作の開始及び終了の制御を行うための回路をいう．

十二　「絶対レベル」とは，一の皮相電力の一ミリワットに対する比をデシベルで表したものをいう．

十三　「固定電話接続用設備」とは，事業用電気通信設備（メタルインターネットプロトコル電話用設備，ワイヤレス固定電話用設備，インターネットプロトコルを用いた総合デジタル通信用設備及び電気通信番号規則別表第一号に掲げる固定電話番号を使用して電気通信役務を提供するインターネットプロトコル電話用設備に限る．）であつて，他の電気通信事業者の電気通信設備（メタルインターネットプロトコル電話用設備，ワイヤレス固定電話用設備，インターネットプロトコルを用いた総合デジタル通信用設備及び電気通信番号規則別表第一号に掲げる固

定電話番号を使用して電気通信役務を提供するインターネットプロトコル電話用設備に限る.）との接続を行うために設置される電気通信設備の機器（専ら特定の一の者の電気通信設備との接続を行うために設置されるものを除く.）と同一の構内に設置されるものをいう.

第二章　電気通信回線設備を設置する電気通信事業者の電気通信事業の用に供する電気通信設備
第一節　電気通信設備の損壊又は故障の対策
第一款　アナログ電話用設備等

（適用の範囲）
第三条の二　この款の規定（第十五条の四を除く.）は，アナログ電話用設備等（特定端末設備を除く.）について適用する.

（予備機器等）
第四条　通信路の設定に直接係る交換設備の機器は，その機能を代替することができる予備の機器の設置若しくは配備の措置又はこれに準ずる措置が講じられ，かつ，その損壊又は故障（以下「故障等」という.）の発生時に当該予備の機器に速やかに切り替えられるようにしなければならない. ただし，次の各号に掲げる機器については，この限りでない.
　一　端末回線（端末設備等と交換設備との間の電気通信回線をいう. 以下同じ.）を当該交換設備に接続するための機器
　二　当該交換設備の故障等の発生時に，他の交換設備によりその疎通が確保できる交換設備の機器
2　伝送路設備には，予備の電気通信回線を設置しなければならない. ただし，次の各号に掲げるものについては，この限りでない.
　一　端末回線その他専ら特定の一の者の通信を取り扱う区間に使用するもの
　二　当該伝送路設備の故障等の発生時に，他の伝送路設備によりその疎通が確保できるもの
3　伝送路設備において当該伝送路設備に設けられた電気通信回線に共通に使用される機器は，その機能を代替することができる予備の機器の設置若しくは配備の措置又はこれに準ずる措置が講じられ，かつ，その故障等の発生時に当該予備の機器に速やかに切り替えられるようにしなければならない.
4　交換設備相互間を接続する伝送路設備は，複数の経路により設置されなければならない. ただし，地形の状況により複数の経路の設置が困難な場合又は伝送路設備の故障等の対策として複数の経路による設置と同等以上の効果を有する措置が講じられる場合は，この限りでない.

5　固定電話接続用設備は，その故障等の発生時に他の地域に設置された固定電話接続用設備に速やかに切り替えられるようにしなければならない．

(故障検出)

第五条　事業用電気通信設備は，電源停止，共通制御機器の動作停止その他電気通信役務の提供に直接係る機能に重大な支障を及ぼす故障等の発生時には，これを直ちに検出し，当該事業用電気通信設備を維持し，又は運用する者に通知する機能を備えなければならない．

(事業用電気通信設備の防護措置)

第六条　事業用電気通信設備は，利用者又は他の電気通信事業者の電気通信設備から受信したプログラムによって当該事業用電気通信設備が当該事業用電気通信設備を設置する電気通信事業者の意図に反する動作を行うことその他の事由により電気通信役務の提供に重大な支障を及ぼすことがないよう当該プログラムの機能の制限その他の必要な防護措置が講じられなければならない．

(試験機器及び応急復旧機材の配備)

第七条　事業用電気通信設備の工事，維持又は運用を行う事業場には，当該事業用電気通信設備の点検及び検査に必要な試験機器の配備又はこれに準ずる措置がなされていなければならない．

2　事業用電気通信設備の工事，維持又は運用を行う事業場には，当該事業用電気通信設備の故障等が発生した場合における応急復旧工事，臨時の電気通信回線の設置，電力の供給その他の応急復旧措置を行うために必要な機材の配備又はこれに準ずる措置がなされていなければならない．

(異常ふくそう対策等)

第八条　交換設備は，異常ふくそう（特定の交換設備に対し通信が集中することにより，交換設備の通信の疎通能力が継続して著しく低下する現象をいう．以下同じ．）が発生した場合に，これを検出し，かつ，通信の集中を規制する機能又はこれと同等の機能を有するものでなければならない．ただし，通信が同時に集中することがないようこれを制御することができる交換設備については，この限りでない．

第八条の二　携帯電話用設備及びPHS用設備は，多数の移動端末設備が同時に電気通信設備と接続する場合等に生じるトラヒックの瞬間的かつ急激な増加により電気通信役務の提供に重大な支障を及ぼすことがないよう，次の各号に掲げる措置のいずれかが講じられなければならない．

一　トラヒックの瞬間的かつ急激な増加の発生を防止又は抑制する措置

二　トラヒックの瞬間的かつ急激な増加に対応するための十分な通信容量を有する電気通信設備（電気通信役務に係る情報の管理，電気通信役務の制御又は端末設備等の認証を行うための電気通信設備を含む．次項第二号において同じ．）の設置

2　携帯電話用設備及びPHS用設備は，移動端末設備に由来する制御信号の増加により電気通信役務の提供に重大な支障を及ぼすことがないよう，次の各号に掲げる措置のいずれかが講じられなければならない．

　　一　制御信号の増加による電気通信設備の負荷を軽減させる措置

　　二　制御信号の増加に対応するための十分な通信容量を有する電気通信設備の設置

第八条の三　電気通信事業者は，一の地域に設置した固定電話接続用設備が故障等により使用できない場合に他の地域に設置した固定電話接続用設備を用いてその疎通が確保できるよう，十分な通信容量を有する電気通信設備（当該他の地域に設置した固定電話接続用設備と接続される伝送路設備を含む．）を設置するよう努めなければならない．

（耐震対策）

第九条　事業用電気通信設備の据付けに当たつては，通常想定される規模の地震による転倒又は移動を防止するため，床への緊結その他の耐震措置が講じられなければならない．

2　事業用電気通信設備は，通常想定される規模の地震による構成部品の接触不良及び脱落を防止するため，構成部品の固定その他の耐震措置が講じられたものでなければならない．

3　その故障等により電気通信役務の提供に直接係る機能に重大な支障を及ぼすおそれのある事業用電気通信設備に関する前二項の耐震措置は，大規模な地震を考慮したものでなければならない．

（電源設備）

第十条　事業用電気通信設備の電源設備は，平均繁忙時（一日のうち年間を平均して電気通信設備の負荷が最大となる連続した一時間をいう．以下同じ．）に事業用電気通信設備の消費電流を安定的に供給できる容量があり，かつ，供給電圧又は供給電流を常に事業用電気通信設備の動作電圧又は動作電流の変動許容範囲内に維持できるものでなければならない．

2　事業用電気通信設備の電力の供給に直接係る電源設備の機器（自家用発電機及び蓄電池を除く．）は，その機能を代替することができる予備の機器の設置若しくは配備の措置又はこれに準ずる措置が講じられ，かつ，その故障等の発生時に当該予備の機器に速やかに切り替えられるようにしなければならない．

（停電対策）

第十一条　事業用電気通信設備は，通常受けている電力の供給が停止した場合において
その取り扱う通信が停止することのないよう自家用発電機又は蓄電池の設置その他これ
に準ずる措置（交換設備にあつては，自家用発電機及び蓄電池の設置その他これに準ず
る措置．第四項において同じ．）が講じられていなければならない．

2　前項の規定に基づく自家用発電機の設置又は移動式の電源設備の配備を行う場合
には，それらに使用される燃料について，十分な量の備蓄又は補給手段の確保に
努めなければならない．

3　防災上必要な通信を確保するため，都道府県庁，市役所又は町村役場の用に供す
る主たる庁舎（以下「都道府県庁等」という．）に設置されている端末設備（当該
都道府県庁等において防災上必要な通信を確保するために使用される移動端末設
備を含む．）と接続されている端末系伝送路設備及び当該端末系伝送路設備と接続
されている交換設備並びにこれらの附属設備に関する前二項の措置は，通常受け
ている電力の供給が長時間にわたり停止することを考慮したものでなければなら
ない．ただし，通常受けている電力の供給が長時間にわたり停止した場合であつ
ても，他の端末系伝送路設備により利用者が当該端末設備を用いて通信を行うこ
とができるときは，この限りでない．

4　電気通信事業者は，固定電話接続用設備について，通常受けている電力の供給が
長時間にわたり停止した場合においてその取り扱う通信が停止することのないよ
う自家用発電機又は蓄電池の設置その他これに準ずる措置を講ずるよう努めなけ
ればならない．

（誘導対策）

第十二条　線路設備は，強電流電線からの電磁誘導作用により事業用電気通信設備の機
能に重大な支障を及ぼすおそれのある異常電圧又は異常電流が発生しないように設置し
なければならない．

（防火対策等）

第十三条　事業用電気通信設備を収容し，又は設置する通信機械室は，自動火災報知設
備及び消火設備が適切に設置されたものでなければならない．

2　事業用電気通信設備を収容し，又は設置し，かつ，当該事業用電気通信設備を工
事，維持又は運用する者が立ち入る通信機械室に代わるコンテナ等の構造物（以
下「コンテナ等」という．）及びとう道は，自動火災報知設備の設置及び消火設備
の設置その他これに準ずる措置が講じられたものでなければならない．

3　事業用電気通信設備を収容し，又は設置する通信機械室，コンテナ等及びとう道
において，他の電気通信事業者に電気通信設備を設置する場所を提供する場合
は，当該電気通信設備が発火等により他の電気通信設備に損傷を与えないよう措

置されたものであることを当該他の電気通信事業者からその旨を記載した書面の
提出を受ける方法その他の方法により確認しなければならない．

（屋外設備）

第十四条　屋外に設置する電線（その中継器を含む．），空中線及びこれらの附属設備並
びにこれらを支持し又は保蔵するための工作物（次条の建築物及びコンテナ等を除く．
次項において「屋外設備」という．）は，通常想定される気象の変化，振動，衝撃，圧
力その他その設置場所における外部環境の影響を容易に受けないものでなければならな
い．

2　屋外設備は，公衆が容易にそれに触れることができないように設置されなければ
ならない．

（事業用電気通信設備を設置する建築物等）

第十五条　事業用電気通信設備を収容し，又は設置する建築物及びコンテナ等は，次の
各号に適合するものでなければならない．ただし，第一号にあつては，やむを得ず同号
に規定する被害を受けやすい環境に設置されたものであつて，防水壁又は防火壁の設置
その他の必要な防護措置が講じられているものは，この限りでない．

一　風水害その他の自然災害及び火災の被害を容易に受けない環境に設置されたもの
であること．

二　当該事業用電気通信設備を安全に設置することができる堅固で耐久性に富むもの
であること．

三　当該事業用電気通信設備が安定に動作する温度及び湿度を維持することができる
こと．

四　当該事業用電気通信設備を収容し，又は設置する通信機械室に，公衆が容易に立
ち入り，又は公衆が容易に事業用電気通信設備に触れることができないよう施錠
その他必要な措置が講じられていること．

（有線放送設備の線路と同一の線路を使用する事業用電気通信設備）

第十五条の二　有線放送設備（放送法施行規則（昭和二十五年電波監理委員会規則第十
号）第二条第四号に規定する有線一般放送（以下単に「有線一般放送」という．）を行
うための有線電気通信設備（再放送を行うための受信空中線その他放送の受信に必要な
設備を含む．）及びこれに接続される受信設備をいう．以下同じ．）の線路（他の電気通
信事業者により提供されるものを除く．以下同じ．）と同一の線路を使用する事業用電
気通信設備（電気通信回線設備に限る．以下この条において同じ．）は，次の各号のい
ずれにも適合するものでなければならない．

一　事業用電気通信設備と有線放送設備（事業用電気通信設備と同一の線路を使用す
る部分を除く．以下この条において同じ．）との責任の分界を明確にするため，

有線放送設備との間に分界点（以下この条において「分界点」という.）を有することと.

二 分界点において有線放送設備を切り離せること.

三 分界点において有線放送設備を切り離し又はこれに準ずる方法により当該事業用電気通信設備の正常性を確認できる措置が講じられていること.

四 有線一般放送の受信設備から副次的に発する電磁波による妨害を受けないよう, 次に掲げる要件を満たすこと. ただし, これらが同一の構内（これに準ずる区域内を含む.）又は同一の建物内にある場合は, この限りでない.

 イ 有線放送設備が有線電気通信設備を用いて行われるラジオ放送（ラジオ放送の多重放送を受信し, これを再送信することを含む. 以下この条において同じ.）以外の有線一般放送を行うためのものである場合にあつては, 利用者が端末設備等を接続する点と有線放送設備の受信者端子（放送法施行規則第百五十条第四号 の受信者端子をいう.）との間の分離度が二五デシベル以上であること.

 ロ 有線放送設備が有線電気通信設備を用いて行われるラジオ放送を行うためのものである場合にあつては, 必要な妨害対策措置が講じられたものであること.

（大規模災害対策）

第十五条の三　電気通信事業者は, 大規模な災害により電気通信役務の提供に重大な支障が生じることを防止するため, 事業用電気通信設備に関し, あらかじめ次に掲げる措置を講ずるよう努めなければならない.

一 三以上の交換設備をループ状に接続する大規模な伝送路設備は, 複数箇所の故障等により広域にわたり通信が停止することのないよう, 当該伝送路設備により囲まれる地域を横断する伝送路設備の追加的な設置, 臨時の電気通信回線の設置に必要な機材の配備その他の必要な措置を講じること.

二 都道府県庁等において防災上必要な通信を確保するために使用されている移動端末設備に接続される基地局と交換設備との間を接続する伝送路設備については, 第四条第二項ただし書の規定にかかわらず, 予備の電気通信回線を設置すること. この場合において, その伝送路設備は, なるべく複数の経路により設置すること.

三 電気通信役務に係る情報の管理, 電気通信役務の制御又は端末設備等の認証等を行うための電気通信設備であつて, その故障等により, 広域にわたり電気通信役務の提供に重大な支障を及ぼすおそれのあるものは, 複数の地域に分散して設置すること. この場合において, 一の電気通信設備の故障等の発生時に, 他の電気通信設備によりなるべくその機能を代替することができるようにすること.

四 伝送路設備を複数の経路により設置する場合には, 互いになるべく離れた場所に

設置すること.

　　五　地方公共団体が定める防災に関する計画及び地方公共団体が公表する自然災害の
　　　想定に関する情報を考慮し，電気通信設備の設置場所を決定若しくは変更し，又
　　　は適切な防災措置を講じること.

2　前項第三号の規定にかかわらず，固定電話接続用設備は，大規模な災害により電
　　気通信役務の提供に重大な支障が生じることを防止するため，複数の地域に分散
　　して設置しなければならない.

〔途中，省略〕

第二節　秘密の保持

(通信内容の秘匿措置)
第十七条　事業用電気通信設備（特定端末設備を除く. 以下この節，次節及び第四節に
おいて同じ.）は，利用者が端末設備等を接続する点において，他の通信の内容が電気
通信設備の通常の使用の状態で判読できないように必要な秘匿措置が講じられなければ
ならない.

2　有線放送設備の線路と同一の線路を使用する事業用電気通信設備（電気通信回線
　　設備に限る.）は，電気通信事業者が，有線一般放送の受信設備を接続する点にお
　　いて，通信の内容が有線一般放送の受信設備の通常の使用の状態で判読できない
　　ように必要な秘匿措置が講じられなければならない.

3　端末規則第四条の規定は，特定端末設備について準用する. この場合において，
　　同条中「事業用電気通信設備」とあるのは，「電気通信回線設備」と読み替えるも
　　のとする.

(蓄積情報保護)
第十八条　事業用電気通信設備に利用者の通信の内容その他これに係る情報を蓄積する
場合にあつては，当該事業用電気通信設備は，当該利用者以外の者が端末設備等を用い
て容易にその情報を知得し，又は破壊することを防止するため，当該利用者のみに与え
た識別符号の照合確認その他の防止措置が講じられなければならない.

第三節　他の電気通信設備の損傷又は機能の障害の防止

(損傷防止)
第十九条　事業用電気通信設備は，利用者又は他の電気通信事業者の接続する電気通信
設備（以下「接続設備」という.）を損傷するおそれのある電力若しくは電流を送出
し，又は接続設備を損傷するおそれのある電圧若しくは光出力により送出するものであ

つてはならない.

（機能障害の防止）
第二十条　事業用電気通信設備は，接続設備の機能に障害を与えるおそれのある電気信号又は光信号を送出するものであつてはならない.

（漏えい対策）
第二十条の二　電気通信事業者は，総務大臣が別に告示するところに従い特定端末設備又は自営電気通信設備と交換設備又は専用設備（専用役務の提供の用に供する事業用電気通信設備をいう.）との間の電気通信回線に伝送される信号の漏えいに関し，あらかじめ基準を定め，その基準を維持するように努めなければならない.
2　電気通信事業者は，前項の基準を定めたときは，遅滞なく，その基準を総務大臣に届け出なければならない. これを変更したときも，同様とする.

（保安装置）
第二十一条　落雷又は強電流電線との混触により線路設備に発生した異常電圧及び異常電流によつて接続設備を損傷するおそれのある場合は，交流五〇〇ボルト以下で動作する避雷器及び七アンペア以下で動作するヒューズ若しくは五〇〇ミリアンペア以下で動作する熱線輪からなる保安装置又はこれと同等の保安機能を有する装置が事業用電気通信設備と接続設備を接続する点又はその近傍に設置されていなければならない.

（異常ふくそう対策）
第二十二条　他の電気通信事業者の電気通信設備を接続する交換設備は，異常ふくそうの発生により当該交換設備が他の電気通信事業者の接続する電気通信設備に対して重大な支障を及ぼすことのないよう，直ちに異常ふくそうの発生を検出し，及び通信の集中を規制する機能又はこれと同等の機能を有するものでなければならない. ただし，通信が集中することがないようこれを制御することができる交換設備についてはこの限りでない.

第四節　他の電気通信設備との責任の分界

（分界点）
第二十三条　事業用電気通信設備は，他の電気通信事業者の接続する電気通信設備との責任の分界を明確にするため，他の電気通信事業者の電気通信設備との間に分界点（以下この条及び次条において「分界点」という.）を有しなければならない.
2　事業用電気通信設備は，分界点において他の電気通信事業者が接続する電気通信設備から切り離せるものでなければならない.

(機能確認)

第二十四条　事業用電気通信設備は，分界点において他の電気通信事業者の電気通信設備を切り離し又はこれに準ずる方法により当該事業用電気通信設備の正常性を確認できる措置が講じられていなければならない.

〔途中，省略〕

第五節　音声伝送役務の提供の用に供する電気通信設備
第一款　アナログ電話用設備

(適用の範囲)

第二十六条　この款の規定（第三十五条の二の七を除く.）は，二線式アナログ電話用設備（特定端末設備を除く．第三章第五節において同じ.）に対して適用する.

(電源供給)

第二十七条　事業用電気通信設備は，第三十一条第二号に規定する呼出信号の送出時を除き，端末設備等を接続する点において次の各号に掲げる条件に適合する通信用電源を供給しなければならない.

　一　端末設備等を切り離した時の線間電圧が四十二ボルト以上かつ五十三ボルト以下であること.

　二　両線間を三〇〇オームの純抵抗で終端した時の回路電流が一五ミリアンペア以上であること.

　三　両線間を五〇オームの純抵抗で終端した時の回路電流が一三〇ミリアンペア以下であること.

(信号極性)

第二十八条　事業用電気通信設備は，次条第一号に規定する発呼信号を受信できる状態において，前条で規定する電源の極性（第三十一条第一号において「信号極性」という.）を端末設備等を接続する点において一方を地気（接地の電位をいう．以下同じ.），他方を負極性としなければならない.

(監視信号受信条件)

第二十九条　事業用電気通信設備は，端末設備等を接続する点において当該端末設備等が送出する次の監視信号を受信し，かつ，認識できるものでなければならない.

　一　端末設備等から発信を行うため，当該端末設備等の直流回路を閉じて三〇〇オーム以下の直流抵抗値を形成することにより送出する監視信号（以下「発呼信号」という.）

二　端末設備等において当該端末設備等への着信に応答するため，当該端末設備等の直流回路を閉じて三〇〇オーム以下の直流抵抗値を形成することにより送出する監視信号（以下「端末応答信号」という.）

三　発信側の端末設備等において通話を終了するため，当該端末設備等の直流回路を開いて一メガオーム以上の直流抵抗値を形成することにより送出する監視信号（以下「切断信号」という.）

四　着信側の端末設備等において通話を終了するため，当該端末設備等の直流回路を開いて一メガオーム以上の直流抵抗値を形成することにより送出する監視信号（以下「終話信号」という.）

（選択信号受信条件）

第三十条　事業用電気通信設備は，端末設備等を接続する点において当該端末設備等が送出する一〇パルス毎秒方式のダイヤルパルス信号，二〇パルス毎秒方式のダイヤルパルス信号又は押しボタンダイヤル信号（以下これらを「選択信号」という.）のうち，少なくともいずれか一つを受信し，かつ，認識できるものでなければならない.

2　一〇パルス毎秒方式のダイヤルパルス信号又は二〇パルス毎秒方式のダイヤルパルス信号は，次の各号に定めるものとする.

一　ダイヤルパルス信号におけるダイヤル番号とダイヤルパルス数は，同一とする. ただし，ダイヤル番号が〇の時のダイヤルパルス数は，一〇とする.

二　ダイヤルパルス信号の条件は，別表第一号に定めるとおりとする.

3　押しボタンダイヤル信号は，次の各号に定めるものとする.

一　押しボタンダイヤル信号におけるダイヤル番号の周波数は，別表第二号に定めるとおりとする.

二　押しボタンダイヤル信号の条件は，別表第三号に定めるとおりとする.

（監視信号送出条件）

第三十一条　事業用電気通信設備は，次の各号に定めるところにより，端末設備等を接続する点において監視信号を送出しなければならない.

一　着信側の端末設備等が送出する端末応答信号を受信したとき，発信側の端末設備等に対して，信号極性を反転することにより送出する監視信号（以下「応答信号」という.）

二　着信側の端末設備等に対して着信があることを示す別表第四号に定める監視信号（以下「呼出信号」という.）

（その他の信号送出条件）

第三十二条　事業用電気通信設備は，次に掲げる場合は可聴音（耳で聴くことが可能な特定周波数の音をいう. 以下同じ.）又は音声によりその状態を発信側の端末設備等に

対して通知しなければならない.

 一 端末設備等が送出する発呼信号を受信した後，選択信号を受信することが可能となつた場合

 二 接続の要求をされた着信側の端末設備等を呼出し中である場合

 三 接続の要求をされた着信側の端末設備等が着信可能な状態でない場合又は接続の要求をされた着信側の端末設備等への接続が不可能な場合

（可聴音送出条件）

第三十三条 事業用電気通信設備は，前条各号に掲げる場合において可聴音によりその状態を通知するときは，次に定めるところにより，端末設備等を接続する点において可聴音を送出しなければならない.

 一 前条第一号に定める場合に送出する可聴音（以下「発信音」という.）は，別表第五号に示す条件によること.

 二 前条第二号に定める場合に送出する可聴音（以下「呼出音」という.）は，別表第五号に示す条件によること.

 三 前条第三号に定める場合に送出する可聴音（以下「話中音」という.）は，別表第五号に示す条件によること.

（メタルインターネットプロトコル電話用設備の基本機能）

第三十三条の二 メタルインターネットプロトコル電話用設備は，ファクシミリによる送受信が正常に行えるものでなければならない.

（通話品質）

第三十四条 事業用電気通信設備（電気通信回線設備に限る.次条第三号及び第四号において同じ.）に端末規則第二条第二項第三号に規定するアナログ電話端末であつて，総務大臣が別に告示する送話ラウドネス定格及び受話ラウドネス定格に適合するもの（以下この条，第三十五条の十八第一項，第三十五条の十九の二第一項及び第三十六条の五第一項において「アナログ電話端末」という.）を接続した場合の通話品質は，アナログ電話端末と端末回線に接続される交換設備との間の送話ラウドネス定格は一五デシベル以下であり，かつ，受話ラウドネス定格は六デシベル以下でなければならない.

2 ラウドネス定格の算出は，総務大臣が別に告示する方法によるものとする.

（接続品質）

第三十五条 事業用電気通信設備の接続品質は，基礎トラヒツク（一日のうち，一年間を平均して呼量（一時間に発生した呼の保留時間の総和を一時間で除したものをいう.以下同じ.）が最大となる連続した一時間について一年間の呼量及び呼数の最大のものから順に三〇日分の呼量及び呼数を抜き取つてそれぞれ平均した呼量及び呼数又はその

予測呼量及び予測呼数をいう．以下同じ．）について，次の各号のいずれにも適合しなければならない．

一　事業用電気通信設備が発呼信号を受信した後，選択信号を受信可能となるまでの時間が三秒以上となる確率が〇・〇一以下であること．

二　事業用電気通信設備が選択信号を受信した後，着信側の端末設備等に着信するまでの間に一の電気通信事業者の設置する事業用電気通信設備により呼が損失となる確率が〇・一五以下であること．

三　本邦外の場所に対して発信を行う場合にあつては，事業用電気通信設備が選択信号を受信した後，国際中継回線（国際交換設備（本邦外の場所への発信又は本邦外からの着信を行う機能を有する交換設備をいう．以下同じ．）と本邦外の場所の交換設備相互間の電気通信回線をいう．以下同じ．）を捕捉するまでの間に一の電気通信事業者の設置する事業用電気通信設備により呼が損失となる確率が〇・一以下であること．

四　本邦外の場所からの着信を行う場合にあっては，事業用電気通信設備が着信を受け付けた後，着信側の端末設備等に着信するまでの間に一の電気通信事業者の設置する事業用電気通信設備により呼が損失となる確率が〇・一一以下であること．

五　事業用電気通信設備が選択信号の送出終了を検出した後，発信側の端末設備等に対して着信側の端末設備等を呼び出し中であること又は着信側の端末設備等が着信可能な状態でないことの通知までの時間が三〇秒以下であること．ただし，二以上の電気通信事業者の設置する事業用電気通信設備を介する通信を行う場合及び本邦外の場所との間の通信を行う場合は，この限りでない．

（総合品質）

第三十五条の二　電気通信事業者は，当該電気通信事業者の設置するメタルインターネットプロトコル電話用設備に接続する端末設備等相互間における通話の総合品質に関して，総務大臣が別に告示するところに従い，あらかじめ基準を定め，その基準を維持するように努めなければならない．ただし，当該端末設備等と国際中継回線を接続している国際交換設備との間の通話は，この限りでない．

（ネットワーク品質）

第三十五条の二の二　電気通信事業者は，当該電気通信事業者の設置するメタルインターネットプロトコル電話用設備と当該メタルインターネットプロトコル電話用設備に接続する端末設備等との間の分界点（以下この条において「端末設備等分界点」という．）相互間及び当該電気通信事業者の設置するメタルインターネットプロトコル電話用設備と他の電気通信事業者の事業用電気通信設備（メタルインターネットプロトコル電話用設備，インターネットプロトコルを用いた総合デジタル通信用設備又は電気通信番号規則別表第一号に掲げる固定電話番号を使用して電気通信役務を提供するインター

ネットプロトコル電話用設備に限る.）との間の分界点と端末設備等分界点との間の
ネットワーク品質に関して，総務大臣が別に告示するところに従い，あらかじめ基準を
定め，その基準を維持するよう努めなければならない．

（安定品質）
第三十五条の二の三　電気通信事業者は，当該電気通信事業者の設置するメタルイン
ターネットプロトコル電話用設備について，総務大臣が別に告示するところにより，当
該メタルインターネットプロトコル電話用設備を介して提供される音声伝送役務の安定
性が確保されるよう必要な措置を講じなければならない．

（緊急通報を扱う事業用電気通信設備）
第三十五条の二の四　電気通信番号規則別表第十二号に掲げる緊急通報番号を使用した
警察機関，海上保安機関又は消防機関（以下「警察機関等」という.）への通報（以下
「緊急通報」という.）を扱う事業用電気通信設備は，次の各号のいずれにも適合するも
のでなければならない．
　　一　緊急通報を，その発信に係る端末設備等の場所を管轄する警察機関等に接続する
　　　　こと．
　　二　緊急通報を発信した端末設備等に係る電気通信番号その他当該発信に係る情報と
　　　　して総務大臣が別に告示する情報を，当該緊急通報に係る警察機関等の端末設備
　　　　に送信する機能を有すること．ただし，他の方法により同等の機能を実現できる
　　　　場合は，この限りでない．
　　三　緊急通報を受信した端末設備から終話信号が送出されない限りその通話を継続す
　　　　る機能又は警察機関等に送信した電気通信番号による呼び返し若しくはこれに準
　　　　ずる機能を有すること．
　　四　メタルインターネットプロトコル電話用設備に関する前号の呼び返しを行う場合
　　　　にあつては，次に掲げる機能を有すること．
　　　　イ　緊急通報を発信した端末設備等に当該緊急通報に係る電気通信番号規則別表
　　　　　　第十二号に掲げる緊急通報番号を送信する機能
　　　　ロ　緊急通報を発信した端末設備等が，当該端末設備等に係る着信を他の端末設
　　　　　　備等に転送する機能を有する場合にあつては，当該機能を解除する機能
　　　　ハ　緊急通報を発信した端末設備等が，特定の電気通信番号を有する端末設備等
　　　　　　からの着信を拒否する機能を有する場合にあつては，当該機能を解除する機
　　　　　　能
　　　　ニ　緊急通報を発信した端末設備等からの発信（緊急通報に係るものを除く.）
　　　　　　及び当該端末設備等への着信（呼び返しに係るものを除く.）を当該端末設
　　　　　　備等からの当該緊急通報に係る終話信号の送出後一定の時間制限する機能
　　　　ホ　呼び返しに係る通信を次条に規定する災害時優先通信として取り扱う機能

（災害時優先通信の優先的取扱い）

第三十五条の二の五　事業用電気通信設備は，次に定めるところにより，災害時優先通信（緊急通報及び法第八条第三項 に規定する重要通信のうち電気通信事業法施行規則第五十六条第一号 に定める機関が発信する通信（当該機関に電気通信役務を提供する電気通信事業者が当該機関ごとに指定する端末回線の一端に接続された端末設備等から発信されるものに限る．）をいう．以下同じ．）を優先的に取り扱うことができるものでなければならない．

　　一　災害時優先通信の優先的な取扱いを確保するために必要があるときは，他の通信を制限し，又は停止することができる機能を有していること．

　　二　災害時優先通信を識別するための信号を付し，及び当該信号により災害時優先通信を識別することができる機能を有していること．

　2　事業用電気通信設備は，前項第一号の機能により他の通信の制限又は停止を行つた場合において，災害時優先通信及び他の通信の疎通の状況を記録することができるものでなければならない．

　3　電気通信事業者は，第一項第一号の機能により他の通信の制限又は停止を行つた場合は，前項の記録を分析し，できる限り多くの通信の疎通を確保するよう通信の制限又は停止の時間，程度その他当該制限又は停止の実施方法及び事業用電気通信設備の通信容量について必要に応じて見直しを行うものとする．

（異なる電気通信番号の送信の防止）

第三十五条の二の六　電気通信事業者は，当該電気通信事業者が利用者に付与した電気通信番号について，当該利用者の発信に係る電気通信番号と異なる電気通信番号を端末設備等又は他の電気通信事業者に送信することがないよう必要な措置を講じなければならない．ただし，他の利用者に対し，発信元を誤認させるおそれがない場合は，この限りでない．

（特定端末設備）

第三十五条の二の七　端末規則第四章第一節及び第三十五条の規定は，二線式アナログ電話用設備（特定端末設備に限る．）について準用する．この場合において，端末規則第十三条第一項及び第三十五条中「電気通信事業者」とあるのは「当該電気通信事業者」と，同条中「第四章から前章」とあるのは「事業用電気通信設備規則（昭和六十年郵政省令第三十号）第三十五条の二の七において読み替えて準用する第四章第一節」と読み替えるものとする．

第二款　総合デジタル通信用設備

（適用の範囲）

第三十五条の二のハ　この款の規定（第三十五条の五第三項及び第三十五条の七の二を除く.）は，総合デジタル通信用設備（音声伝送役務の提供の用に供するもののうち，特定端末設備を除く. 第三章第五節において同じ.）について適用する.

（基本機能）

第三十五条の三　事業用電気通信設備の機能は，次の各号のいずれにも適合しなければならない.

　一　発信側の端末設備等からの発信を認識し，着信側の端末設備等に通知すること.

　二　電気通信番号を認識すること.

　三　着信側の端末設備等の応答を認識し，発信側の端末設備等に通知すること.

　四　通信の終了を認識すること.

　五　インターネットプロトコルを用いた総合デジタル通信用設備にあつては，ファクシミリによる送受信が正常に行えること.

（通話品質）

第三十五条の四　事業用電気通信設備（電気通信回線設備に限る. 次条第一項において同じ.）に総合デジタル通信端末（端末規則第二条第二項第十三号に規定する総合デジタル通信端末をいう. 以下同じ.）を接続した場合の通話品質は，総合デジタル通信端末と端末回線に接続される交換設備との間の送話ラウドネス定格は十一デシベル以下であり，かつ，受話ラウドネス定格は五デシベル以下でなければならない.

（接続品質）

第三十五条の五　第三十五条（第一号を除く.）の規定は，事業用電気通信設備の接続品質について準用する. この場合において，同条第二号，第三号及び第五号中「選択信号」とあるのは，「電気通信番号」と読み替えるものとする.

2　第三十五条（第一号，第三号及び第四号を除く.）の規定は，事業用電気通信設備（端末設備に限る.）の接続品質について準用する. この場合において，同条第二号及び第五号中「選択信号」とあるのは，「電気通信番号」と読み替えるものとする.

3　第三十五条の規定は，二線式アナログ電話用設備と総合デジタル通信用設備を接続した事業用電気通信設備の接続品質について準用する. この場合において，同条第一号中「事業用電気通信設備」とあるのは「二線式アナログ電話用設備」と，同条第二号，第三号及び第五号中「選択信号」とあるのは「選択信号又は電気通信番号」と読み替えるものとする.

(総合品質)

第三十五条の五の二 第三十五条の二の規定は，インターネットプロトコルを用いた総合デジタル通信用設備の総合品質について準用する．この場合において，同条中「メタルインターネットプロトコル電話用設備」とあるのは「インターネットプロトコルを用いた総合デジタル通信用設備（音声伝送役務の提供の用に供するものに限る．）」と読み替えるものとする．

(ネットワーク品質)

第三十五条の五の三 第三十五条の二の二の規定は，インターネットプロトコルを用いた総合デジタル通信用設備のネットワーク品質について準用する．この場合において，同条中「設置するメタルインターネットプロトコル電話用設備」とあるのは「設置するインターネットプロトコルを用いた総合デジタル通信用設備（音声伝送役務の提供の用に供するものに限る．）」と，「当該メタルインターネットプロトコル電話用設備」とあるのは「当該インターネットプロトコルを用いた総合デジタル通信用設備（音声伝送役務の提供の用に供するものに限る．）」と読み替えるものとする．

(安定品質)

第三十五条の五の四 第三十五条の二の三の規定は，インターネットプロトコルを用いた総合デジタル通信用設備の安定品質について準用する．この場合において，同条中「メタルインターネットプロトコル電話用設備」とあるのは「インターネットプロトコルを用いた総合デジタル通信用設備（音声伝送役務の提供の用に供するものに限る．）」と読み替えるものとする．

(緊急通報を扱う事業用電気通信設備)

第三十五条の六 緊急通報を扱う事業用電気通信設備は，次の各号のいずれにも適合するものでなければならない．

　一　緊急通報を，その発信に係る端末設備等の場所を管轄する警察機関等に接続すること．

　二　緊急通報を発信した端末設備等に係る電気通信番号その他当該発信に係る情報として，総務大臣が別に告示する情報を，当該緊急通報に係る警察機関等の端末設備に送信する機能を有すること．ただし，他の方法により同等の機能を実現できる場合は，この限りでない．

　三　緊急通報を受信した端末設備から通信の終了を表す信号が送出されない限りその通話を継続する機能又は警察機関等に送信した電気通信番号による呼び返し若しくはこれに準ずる機能を有すること．

　四　インターネットプロトコルを用いた総合デジタル通信用設備に関する前号の呼び返しを行う場合にあつては，次に掲げる機能を有すること．

イ　緊急通報を発信した端末設備等に当該緊急通報に係る電気通信番号規則別表第十二号に掲げる緊急通報番号を送信する機能

ロ　緊急通報を発信した端末設備等が，当該端末設備等に係る着信を他の端末設備等に転送する機能を有する場合にあつては，当該機能を解除する機能

ハ　緊急通報を発信した端末設備等が，特定の電気通信番号を有する端末設備等からの着信を拒否する機能を有する場合にあつては，当該機能を解除する機能

ニ　緊急通報を発信した端末設備等からの発信（緊急通報に係るものを除く．）及び当該端末設備等への着信（呼び返しに係るものを除く．）を当該端末設備等からの当該緊急通報に係る通信の終了を表す信号の送出後一定の時間制限する機能

ホ　呼び返しに係る通信を次条に規定する災害時優先通信として取り扱う機能

（災害時優先通信の優先的取扱い）

第三十五条の六の二　第三十五条の二の五の規定は，事業用電気通信設備について準用する．

（異なる電気通信番号の送信の防止）

第三十五条の七　第三十五条の二の六の規定は，事業用電気通信設備について準用する．

（特定端末設備）

第三十五条の七の二　端末規則第六章及び第三十五条の規定は，総合デジタル通信用設備（特定端末設備に限る．）について準用する．この場合において，同条中「電気通信事業者」とあるのは「当該電気通信事業者」と，「第四章から前章」とあるのは「事業用電気通信設備規則（昭和六十年郵政省令第三十号）第三十五条の七の二において読み替えて準用する第六章」と読み替えるものとする．

第三款　アナログ電話相当の機能を有するインターネットプロトコル電話用設備

（適用の範囲）

第三十五条の八　この款の規定（第三十五条の十第三項及び第三十五条の十五の二を除く．）は，電気通信番号規則別表第一号に掲げる固定電話番号を使用して電気通信役務を提供するインターネットプロトコル電話用設備（特定端末設備を除く．第三章第五節において同じ．）について適用する．

（基本機能）

第三十五条の九　事業用電気通信設備の機能は，次の各号のいずれにも適合しなければならない.

　一　発信側の端末設備等からの発信を認識し，着信側の端末設備等に通知すること.

　二　電気通信番号を認識すること.

　三　着信側の端末設備等の応答を認識し，発信側の端末設備等に通知すること.

　四　通信の終了を認識すること.

　五　ファクシミリによる送受信が正常に行えること.

（接続品質）

第三十五条の十　第三十五条（第一号を除く.）の規定は，事業用電気通信設備（電気通信回線設備に限る.）の接続品質について準用する. この場合において，同条第二号，第三号及び第五号中「選択信号」とあるのは，「電気通信番号」と読み替えるものとする.

2　第三十五条（第一号，第三号及び第四号を除く.）の規定は，事業用電気通信設備（端末設備に限る.）の接続品質について準用する. この場合において，同条第二号及び第五号中「選択信号」とあるのは，「電気通信番号」と読み替えるものとする.

3　第三十五条の規定は，二線式アナログ電話用設備と電気通信番号規則別表第一号に掲げる固定電話番号を使用して電気通信役務を提供するインターネットプロトコル電話用設備を接続した事業用電気通信設備の接続品質について準用する. この場合において，第三十五条第一号中「事業用電気通信設備」とあるのは「二線式アナログ電話用設備」と，同条第二号，第三号及び第五号中「選択信号」とあるのは「選択信号又は電気通信番号」と読み替えるものとする.

（総合品質）

第三十五条の十一　第三十五条の二の規定は，事業用電気通信設備の総合品質について準用する. この場合において，同条中「メタルインターネットプロトコル電話用設備」とあるのは「事業用電気通信設備」と読み替えるものとする.

（ネットワーク品質）

第三十五条の十二　第三十五条の二の二の規定は，事業用電気通信設備のネットワーク品質について準用する. この場合において，同条中「設置するメタルインターネットプロトコル電話用設備」とあるのは「設置する事業用電気通信設備」と，「当該メタルインターネットプロトコル電話用設備」とあるのは「当該事業用電気通信設備」と読み替えるものとする.

(安定品質)

第三十五条の十三　第三十五条の二の三の規定は，事業用電気通信設備の安定品質について準用する．この場合において，同条中「メタルインターネットプロトコル電話用設備」とあるのは「事業用電気通信設備」と読み替えるものとする．

(緊急通報を扱う事業用電気通信設備)

第三十五条の十四　第三十五条の六の規定は，緊急通報を扱う事業用電気通信設備について準用する．この場合において，同条第四号中「インターネットプロトコルを用いた総合デジタル通信用設備に関する前号の呼び返し」とあるのは「前号の呼び返し（アナログ電話用設備（メタルインターネットプロトコル電話用設備及びワイヤレス固定電話用設備を除く．）又は総合デジタル通信用設備（インターネットプロトコルを用いた総合デジタル通信用設備を除く．）を介するものを除く．）」と読み替えるものとする．

(災害時優先通信の優先的取扱い)

第三十五条の十四の二　第三十五条の二の五の規定は，事業用電気通信設備について準用する．

(異なる電気通信番号の送信の防止)

第三十五条の十五　第三十五条の二の六の規定は，事業用電気通信設備について準用する．

(特定端末設備)

第三十五条の十五の二　端末規則第四章第三節及び第三十五条の規定は，電気通信番号規則別表第一号に掲げる固定電話番号を使用して電気通信役務を提供するインターネットプロトコル電話用設備（特定端末設備に限る．）について準用する．この場合において，端末規則第三十五条中「電気通信事業者」とあるのは「当該電気通信事業者」と，「第四章から前章」とあるのは「事業用電気通信設備規則（昭和六十年郵政省令第三十号）第三十五条の十五の二において読み替えて準用する第四章第三節」と読み替えるものとする．

〔途中，省略〕

第三章　基礎的電気通信役務を提供する電気通信事業の用に供する電気通信設備

第一節　電気通信設備の損壊又は故障の対策

(予備機器)

第三十七条　通信路の設定に直接係る交換設備の機器は，その機能を代替することがで

きる予備の機器の設置若しくは配備の措置又はこれに準ずる措置が講じられ，かつ，その故障等の発生時に速やかに当該予備の機器に切り替えられるようにしなければならない．ただし，次の各号に掲げる機器については，この限りでない．

　一　専ら一の者の通信を取り扱う電気通信回線を当該交換設備に接続するための機器
　二　当該交換設備の故障等の発生時に，他の交換設備によりその疎通が確保できる交換設備の機器

2　多重変換装置等の伝送設備において当該伝送設備に接続された電気通信回線に共通に使用される機器は，その機能を代替することができる予備の機器の設置若しくは配備の措置又はこれに準ずる措置が講じられ，かつ，その故障等の発生時に速やかに当該予備の機器と切り替えられるようにしなければならない．

3　固定電話接続用設備は，その故障等の発生時に他の地域に設置された固定電話接続用設備に速やかに切り替えられるようにしなければならない．

（停電対策）
第三十八条　事業用電気通信設備は，通常受けている電力の供給が停止した場合においてその取り扱う通信が停止することのないよう自家用発電機又は蓄電池の設置その他これに準ずる措置（交換設備にあつては，自家用発電機及び蓄電池の設置その他これに準ずる措置．第四項において同じ．）が講じられていなければならない．

2　前項の規定に基づく自家用発電機の設置又は移動式の電源設備の配備を行う場合には，それらに使用される燃料について，十分な量の備蓄又は補給手段の確保に努めなければならない．

3　防災上必要な通信を確保するため，都道府県庁等に設置されている端末設備と接続されている端末系伝送路設備と接続されている交換設備及びその附属設備に関する前二項の措置は，通常受けている電力の供給が長時間にわたり停止することを考慮したものでなければならない．

4　電気通信事業者は，固定電話接続用設備について，通常受けている電力の供給が長時間にわたり停止した場合においてその取り扱う通信が停止することのないよう自家用発電機又は蓄電池の設置その他これに準ずる措置を講ずるよう努めなければならない．

〔以下，省略〕

最終改正：平成三十一年三月一日総務省令第十二号

第一章　総則

(目的)
第一条　この規則は，電気通信事業法（昭和五十九年法律第八十六号．以下「法」という．）第五十二条第一項 及び第七十条第一項 の規定に基づく技術基準を定めることを目的とする．

(定義)
第二条　この規則において使用する用語は，法において使用する用語の例による．

2　この規則の規定の解釈については，次の定義に従うものとする．

一　「電話用設備」とは，電気通信事業の用に供する電気通信回線設備であつて，主として音声の伝送交換を目的とする電気通信役務の用に供するものをいう．

二　「アナログ電話用設備」とは，電話用設備であつて，端末設備又は自営電気通信設備を接続する点においてアナログ信号を入出力とするものをいう．

三　「アナログ電話端末」とは，端末設備であつて，アナログ電話用設備に接続される点において二線式の接続形式で接続されるものをいう．

四　「移動電話用設備」とは，電話用設備であつて，端末設備又は自営電気通信設備との接続において電波を使用するものをいう．

五　「移動電話端末」とは，端末設備であつて，移動電話用設備（インターネットプロトコル移動電話用設備を除く．）に接続されるものをいう．

六　「インターネットプロトコル電話用設備」とは，電話用設備（電気通信番号規則（令和元年総務省令第四号）別表第一号に掲げる固定電話番号を使用して提供する音声伝送役務の用に供するものに限る．）であつて，端末設備又は自営電気通信設備との接続においてインターネットプロトコルを使用するものをいう．

七　「インターネットプロトコル電話端末」とは，端末設備であつて，インターネットプロトコル電話用設備に接続されるものをいう．

八　「インターネットプロトコル移動電話用設備」とは，移動電話用設備（電気通信番号規則別表第四号に掲げる音声伝送携帯電話番号を使用して提供する音声伝送役務の用に供するものに限る．）であつて，端末設備又は自営電気通信設備との接続においてインターネットプロトコルを使用するものをいう．

九　「インターネットプロトコル移動電話端末」とは，端末設備であつて，インターネットプロトコル移動電話用設備に接続されるものをいう．

十　「無線呼出用設備」とは，電気通信事業の用に供する電気通信回線設備であつ

　て，無線によつて利用者に対する呼出し（これに付随する通報を含む．）を行う
　ことを目的とする電気通信役務の用に供するものをいう．

十一　「無線呼出端末」とは，端末設備であつて，無線呼出用設備に接続されるもの
　　　をいう．

十二　「総合デジタル通信用設備」とは，電気通信事業の用に供する電気通信回線設
　　　備であつて，主として六四キロビット毎秒を単位とするデジタル信号の伝送速度
　　　により，符号，音声その他の音響又は影像を統合して伝送交換することを目的と
　　　する電気通信役務の用に供するものをいう．

十三　「総合デジタル通信端末」とは，端末設備であつて，総合デジタル通信用設備
　　　に接続されるものをいう．

十四　「専用通信回線設備」とは，電気通信事業の用に供する電気通信回線設備であ
　　　つて，特定の利用者に当該設備を専用させる電気通信役務の用に供するものをい
　　　う．

十五　「デジタルデータ伝送用設備」とは，電気通信事業の用に供する電気通信回線
　　　設備であつて，デジタル方式により，専ら符号又は影像の伝送交換を目的とする
　　　電気通信役務の用に供するものをいう．

十六　「専用通信回線設備等端末」とは，端末設備であつて，専用通信回線設備又は
　　　デジタルデータ伝送用設備に接続されるものをいう．

十七　「発信」とは，通信を行う相手を呼び出すための動作をいう．

十八　「応答」とは，電気通信回線からの呼出しに応ずるための動作をいう．

十九　「選択信号」とは，主として相手の端末設備を指定するために使用する信号を
　　　いう．

二十　「直流回路」とは，端末設備又は自営電気通信設備を接続する点において二線
　　　式の接続形式を有するアナログ電話用設備に接続して電気通信事業者の交換設備
　　　の動作の開始及び終了の制御を行うための回路をいう．

二十一　「絶対レベル」とは，一の皮相電力の一ミリワットに対する比をデシベルで
　　　　表したものをいう．

二十二　「通話チャネル」とは，移動電話用設備と移動電話端末又はインターネット
　　　　プロトコル移動電話端末の間に設定され，主として音声の伝送に使用する通信
　　　　路をいう．

二十三　「制御チャネル」とは，移動電話用設備と移動電話端末又はインターネット
　　　　プロトコル移動電話端末の間に設定され，主として制御信号の伝送に使用する
　　　　通信路をいう．

二十四　「呼設定用メッセージ」とは，呼設定メッセージ又は応答メッセージをいう．

二十五　「呼切断用メッセージ」とは，切断メッセージ，解放メッセージ又は解放完
　　　　了メッセージをいう．

第二章　責任の分界

（責任の分界）

第三条　利用者の接続する端末設備（以下「端末設備」という．）は，事業用電気通信設備との責任の分界を明確にするため，事業用電気通信設備との間に分界点を有しなければならない．

2　分界点における接続の方式は，端末設備を電気通信回線ごとに事業用電気通信設備から容易に切り離せるものでなければならない．

第三章　安全性等

（漏えいする通信の識別禁止）

第四条　端末設備は，事業用電気通信設備から漏えいする通信の内容を意図的に識別する機能を有してはならない．

（鳴音の発生防止）

第五条　端末設備は，事業用電気通信設備との間で鳴音（電気的又は音響的結合により生ずる発振状態をいう．）を発生することを防止するために総務大臣が別に告示する条件を満たすものでなければならない．

（絶縁抵抗等）

第六条　端末設備の機器は，その電源回路と筐体及びその電源回路と事業用電気通信設備との間に次の絶縁抵抗及び絶縁耐力を有しなければならない．

　　一　絶縁抵抗は，使用電圧が三〇〇ボルト以下の場合にあつては，〇・ニメガオーム以上であり，三〇〇ボルトを超え七五〇ボルト以下の直流及び三〇〇ボルトを超え六〇〇ボルト以下の交流の場合にあつては，〇・四メガオーム以上であること．

　　二　絶縁耐力は，使用電圧が七五〇ボルトを超える直流及び六〇〇ボルトを超える交流の場合にあつては，その使用電圧の一・五倍の電圧を連続して一〇分間加えたときこれに耐えること．

2　端末設備の機器の金属製の台及び筐体は，接地抵抗が一〇〇オーム以下となるように接地しなければならない．ただし，安全な場所に危険のないように設置する場合にあつては，この限りでない．

（過大音響衝撃の発生防止）

第七条　通話機能を有する端末設備は，通話中に受話器から過大な音響衝撃が発生することを防止する機能を備えなければならない．

（配線設備等）

第八条　利用者が端末設備を事業用電気通信設備に接続する際に使用する線路及び保安器その他の機器（以下「配線設備等」という．）は，次の各号により設置されなければならない．

　　一　配線設備等の評価雑音電力（通信回線が受ける妨害であつて人間の聴覚率を考慮して定められる実効的雑音電力をいい，誘導によるものを含む．）は，絶対レベルで表した値で定常時においてマイナス六四デシベル以下であり，かつ，最大時においてマイナス五八デシベル以下であること．

　　二　配線設備等の電線相互間及び電線と大地間の絶縁抵抗は，直流二〇〇ボルト以上の一の電圧で測定した値で一メガオーム以上であること．

　　三　配線設備等と強電流電線との関係については有線電気通信設備令（昭和二十八年政令第百三十一号）第十一条　から第十五条　まで及び第十八条　に適合するものであること．

　　四　事業用電気通信設備を損傷し，又はその機能に障害を与えないようにするため，総務大臣が別に告示するところにより配線設備等の設置の方法を定める場合にあつては，その方法によるものであること．

（端末設備内において電波を使用する端末設備）

第九条　端末設備を構成する一の部分と他の部分相互間において電波を使用する端末設備は，次の各号の条件に適合するものでなければならない．

　　一　総務大臣が別に告示する条件に適合する識別符号（端末設備に使用される無線設備を識別するための符号であつて，通信路の設定に当たつてその照合が行われるものをいう．）を有すること．

　　二　使用する電波の周波数が空き状態であるかどうかについて，総務大臣が別に告示するところにより判定を行い，空き状態である場合にのみ通信路を設定するものであること．ただし，総務大臣が別に告示するものについては，この限りでない．

　　三　使用される無線設備は，一の筐体に収められており，かつ，容易に開けることができないこと．ただし，総務大臣が別に告示するものについては，この限りでない．

第四章　電話用設備に接続される端末設備
　　第一節　アナログ電話端末

（基本的機能）

第十条　アナログ電話端末の直流回路は，発信又は応答を行うとき閉じ，通信が終了したとき開くものでなければならない．

（発信の機能）

第十一条　アナログ電話端末は，発信に関する次の機能を備えなければならない．

　一　自動的に選択信号を送出する場合にあつては，直流回路を閉じてから三秒以上経過後に選択信号の送出を開始するものであること．ただし，電気通信回線からの発信音又はこれに相当する可聴音を確認した後に選択信号を送出する場合にあつては，この限りでない．

　二　発信に際して相手の端末設備からの応答を自動的に確認する場合にあつては，電気通信回線からの応答が確認できない場合選択信号送出終了後二分以内に直流回路を開くものであること．

　三　自動再発信（応答のない相手に対し引き続いて繰り返し自動的に行う発信をいう．以下同じ．）を行う場合（自動再発信の回数が一五回以内の場合を除く．）にあつては，その回数は最初の発信から三分間に二回以内であること．この場合において，最初の発信から三分を超えて行われる発信は，別の発信とみなす．

　四　前号の規定は，火災，盗難その他の非常の場合にあつては，適用しない．

（選択信号の条件）

第十二条　アナログ電話端末の選択信号は，次の条件に適合するものでなければならない．

　一　ダイヤルパルスにあつては，別表第一号の条件

　二　押しボタンダイヤル信号にあつては，別表第二号の条件

（緊急通報機能）

第十二条の二　アナログ電話端末であつて，通話の用に供するものは，電気通信番号規則別表第十二号に掲げる緊急通報番号を使用した警察機関，海上保安機関又は消防機関への通報（以下「緊急通報」という．）を発信する機能を備えなければならない．

（直流回路の電気的条件等）

第十三条　直流回路を閉じているときのアナログ電話端末の直流回路の電気的条件は，次のとおりでなければならない．

　一　直流回路の直流抵抗値は，二〇ミリアンペア以上一二〇ミリアンペア以下の電流で測定した値で五〇オーム以上三〇〇オーム以下であること．ただし，直流回路の直流抵抗値と電気通信事業者の交換設備からアナログ電話端末までの線路の直流抵抗値の和が五〇オーム以上一，七〇〇オーム以下の場合にあつては，この限りでない．

　二　ダイヤルパルスによる選択信号送出時における直流回路の静電容量は，三マイクロフアラド以下であること．

２　直流回路を開いているときのアナログ電話端末の直流回路の電気的条件は，次の

とおりでなければならない.

　一　直流回路の直流抵抗値は, 一メガオーム以上であること.

　二　直流回路と大地の間の絶縁抵抗は, 直流二〇〇ボルト以上の一の電圧で測定した値で一メガオーム以上であること.

　三　呼出信号受信時における直流回路の静電容量は, 三マイクロフアラド以下であり, インピーダンスは, 七五ボルト, 一六ヘルツの交流に対して二キロオーム以上であること.

３　アナログ電話端末は, 電気通信回線に対して直流の電圧を加えるものであつてはならない.

(送出電力)

第十四条　アナログ電話端末の送出電力の許容範囲は, 通話の用に供する場合を除き, 別表第三号のとおりとする.

(漏話減衰量)

第十五条　複数の電気通信回線と接続されるアナログ電話端末の回線相互間の漏話減衰量は, 一, 五〇〇ヘルツにおいて七〇デシベル以上でなければならない.

(特殊なアナログ電話端末)

第十六条　アナログ電話端末のうち, 第十条から前条までの規定によることが著しく不合理なものであつて総務大臣が別に告示するものは, これらの規定にかかわらず, 総務大臣が別に告示する条件に適合するものでなければならない.

第二節　移動電話端末

(基本的機能)

第十七条　移動電話端末は, 次の機能を備えなければならない.

　一　発信を行う場合にあつては, 発信を要求する信号を送出するものであること.

　二　応答を行う場合にあつては, 応答を確認する信号を送出するものであること.

　三　通信を終了する場合にあつては, チャネル (通話チャネル及び制御チャネルをいう. 以下同じ.) を切断する信号を送出するものであること.

(発信の機能)

第十八条　移動電話端末は, 発信に関する次の機能を備えなければならない.

　一　発信に際して相手の端末設備からの応答を自動的に確認する場合にあつては, 電気通信回線からの応答が確認できない場合選択信号送出終了後一分以内にチャネルを切断する信号を送出し, 送信を停止するものであること.

二　自動再発信を行う場合にあつては，その回数は二回以内であること．ただし，最初の発信から三分を超えた場合にあつては，別の発信とみなす．

三　前号の規定は，火災，盗難その他の非常の場合にあつては，適用しない．

（送信タイミング）

第十九条　移動電話端末は，総務大臣が別に告示する条件に適合する送信タイミングで送信する機能を備えなければならない．

（ランダムアクセス制御）

第二十条　移動電話端末は，総務大臣が別に告示する条件に適合するランダムアクセス制御（複数の移動電話端末からの送信が衝突した場合，再び送信が衝突することを避けるために各移動電話端末がそれぞれ不規則な遅延時間の後に再び送信することをいう．）を行う機能を備えなければならない．

（タイムアラインメント制御）

第二十一条　移動電話端末は，総務大臣が別に告示する条件に適合するタイムアラインメント制御（移動電話端末が，移動電話用設備（インターネットプロトコル移動電話用設備を除く．以下この節及び別表第四号において同じ．）から指示された値に従い送信タイミングを調整することをいう．）を行う機能を備えなければならない．

（位置登録制御）

第二十二条　移動電話端末は，位置登録制御（移動電話端末が，移動電話用設備に位置情報（移動電話端末の位置を示す情報をいう．以下この条において同じ．）の登録を行うことをいう．）に関する次の機能を備えなければならない．

一　移動電話用設備からの位置情報が移動電話端末に記憶されているそれと一致しない場合のみ，位置情報の登録を要求する信号を送出するものであること．ただし，移動電話用設備からの指示があつた場合にあつては，この限りでない．

二　移動電話用設備からの位置情報の登録を確認する信号を受信した場合にあつては，移動電話端末に記憶されている位置情報を更新し，かつ，保持するものであること．

（チヤネル切替指示に従う機能）

第二十三条　移動電話端末は，移動電話用設備からのチヤネルを指定する信号を受信した場合にあつては，指定されたチヤネルに切り替える機能を備えなければならない．

（受信レベル通知機能）

第二十四条　移動電話端末は，受信レベルの通知に関する次の機能を備えなければなら

ない.

　一　移動電話用設備から指定された条件に基づき，移動電話端末の周辺の移動電話用
　　　設備の指定された制御チャネルの受信レベルについて検出を行い，指定された時
　　　間間隔ごとに移動電話用設備にその結果を通知するものであること.

　二　通話チャネルの受信レベルと移動電話端末の周辺の移動電話用設備の制御チャネ
　　　ルの最大受信レベルが移動電話用設備から指定された条件を満たす場合にあつて
　　　は，その結果を移動電話用設備に通知するものであること.

(送信停止指示に従う機能)

第二十五条　移動電話端末は，移動電話用設備からのチャネルの切断を要求する信号を
受信した場合にあつては，その確認をする信号を送出し，送信を停止する機能を備えな
ければならない.

(受信レベル等の劣化時の自動的な送信停止機能)

第二十六条　移動電話端末は，通信中の受信レベル又は伝送品質が著しく劣化した場合
にあつては，自動的に送信を停止する機能を備えなければならない.

(故障時の自動的な送信停止機能)

第二十七条　移動電話端末は，故障により送信が継続的に行われる場合にあつては，自
動的にその送信を停止する機能を備えなければならない.

(重要通信の確保のための機能)

第二十八条　移動電話端末は，重要通信を確保するため，移動電話用設備からの発信の
規制を要求する信号を受信した場合にあつては，発信しない機能を備えなければならな
い.

(緊急通報機能)

第二十八条の二　移動電話端末であつて，通話の用に供するものは，緊急通報を発信す
る機能を備えなければならない.

(移動電話端末固有情報の変更を防止する機能)

第二十九条　移動電話端末は，移動電話端末固有情報（移動電話端末を特定するための
情報であつて，チャネルの設定に当たつて使用されるものをいう．以下同じ．）に関す
る次の機能を備えなければならない.

　一　移動電話端末固有情報を記憶する装置は，容易に取外しができないこと.

　二　移動電話端末固有情報は，容易に書換えができないこと.

　三　移動電話端末固有情報のうち利用者が直接使用するもの以外については，容易に

知得ができないこと.

（アナログ電話端末等と通信する場合の送出電力）

第三十条　移動電話端末の送出電力の許容範囲は, アナログ電話端末, 又は自営電気通信設備であつて, アナログ電話用設備に接続される点において二線式の接続形式で接続されるもの（以下「アナログ電話端末等」という.）と通信する場合にあつては, 通話の用に供する場合を除き, 別表第四号のとおりとする.

（漏話減衰量）

第三十一条　複数の電気通信回線と接続される移動電話端末の回線相互間の漏話減衰量は, 一, 五〇〇ヘルツにおいて七〇デシベル以上でなければならない.

（特殊な移動電話端末）

第三十二条　移動電話端末のうち, 第十七条から前条までの規定によることが著しく不合理なものであつて総務大臣が別に告示するものは, これらの規定にかかわらず, 総務大臣が別に告示する条件に適合するものでなければならない.

第三節　インターネットプロトコル電話端末

（基本的機能）

第三十二条の二　インターネットプロトコル電話端末は, 次の機能を備えなければならない.
- 一　発信又は応答を行う場合にあつては, 呼の設定を行うためのメッセージ又は当該メッセージに対応するためのメッセージを送出するものであること.
- 二　通信を終了する場合にあつては, 呼の切断, 解放若しくは取消しを行うためのメッセージ又は当該メッセージに対応するためのメッセージ（以下「通信終了メッセージ」という.）を送出するものであること.

（発信の機能）

第三十二条の三　インターネットプロトコル電話端末は, 発信に関する次の機能を備えなければならない.
- 一　発信に際して相手の端末設備からの応答を自動的に確認する場合にあつては, 電気通信回線からの応答が確認できない場合呼の設定を行うためのメッセージ送出終了後二分以内に通信終了メッセージを送出するものであること.
- 二　自動再発信を行う場合（自動再発信の回数が一五回以内の場合を除く.）にあつては, その回数は最初の発信から三分間に二回以内であること. この場合において, 最初の発信から三分を超えて行われる発信は, 別の発信とみなす.

　三　前号の規定は，火災，盗難その他の非常の場合にあつては，適用しない．

（識別情報登録）

第三十二条の四　インターネットプロトコル電話端末のうち，識別情報（インターネットプロトコル電話端末を識別するための情報をいう．以下同じ．）の登録要求（インターネットプロトコル電話端末が，インターネットプロトコル電話用設備に識別情報の登録を行うための要求をいう．以下同じ．）を行うものは，識別情報の登録がなされない場合であつて，再び登録要求を行おうとするときは，次の機能を備えなければならない．

　一　インターネットプロトコル電話用設備からの待機時間を指示する信号を受信する場合にあつては，当該待機時間に従い登録要求を行うための信号を送信するものであること．

　二　インターネットプロトコル電話用設備からの待機時間を指示する信号を受信しない場合にあつては，端末設備ごとに適切に設定された待機時間の後に登録要求を行うための信号を送信するものであること．

２　前項の規定は，火災，盗難その他の非常の場合にあつては，適用しない．

（ふくそう通知機能）

第三十二条の五　インターネットプロトコル電話端末は，インターネットプロトコル電話用設備からふくそうが発生している旨の信号を受信した場合にその旨を利用者に通知するための機能を備えなければならない．

（緊急通報機能）

第三十二条の六　インターネットプロトコル電話端末であつて，通話の用に供するものは，緊急通報を発信する機能を備えなければならない．

（電気的条件等）

第三十二条の七　インターネットプロトコル電話端末は，総務大臣が別に告示する電気的条件及び光学的条件のいずれかの条件に適合するものでなければならない．

２　インターネットプロトコル電話端末は，電気通信回線に対して直流の電圧を加えるものであつてはならない．ただし，前項に規定する総務大臣が別に告示する条件において直流重畳が認められる場合にあつては，この限りでない．

（アナログ電話端末等と通信する場合の送出電力）

第三十二条の八　インターネットプロトコル電話端末がアナログ電話端末等と通信する場合にあつては，通話の用に供する場合を除き，インターネットプロトコル電話用設備とアナログ電話用設備との接続点においてデジタル信号をアナログ信号に変換した送出電力は，別表第五号のとおりとする．

（特殊なインターネットプロトコル電話端末）

第三十二条の九　インターネットプロトコル電話端末のうち，第三十二条の二から前条までの規定によることが著しく不合理なものであつて総務大臣が別に告示するものは，これらの規定にかかわらず，総務大臣が別に告示する条件に適合するものでなければならない．

〔途中，省略〕

第六章　総合デジタル通信用設備に接続される端末設備

（基本的機能）

第三十四条の二　総合デジタル通信端末は，次の機能を備えなければならない．ただし，総務大臣が別に告示する場合はこの限りでない．
　一　発信又は応答を行う場合にあつては，呼設定用メッセージを送出するものであること．
　二　通信を終了する場合にあつては，呼切断用メッセージを送出するものであること．

（発信の機能）

第三十四条の三　総合デジタル通信端末は，発信に関する次の機能を備えなければならない．
　一　発信に際して相手の端末設備からの応答を自動的に確認する場合にあつては，電気通信回線からの応答が確認できない場合呼設定メッセージ送出終了後二分以内に呼切断用メッセージを送出するものであること．
　二　自動再発信を行う場合（自動再発信の回数が一五回以内の場合を除く．）にあつては，その回数は最初の発信から三分間に二回以内であること．この場合において，最初の発信から三分を超えて行われる発信は，別の発信とみなす．
　三　前号の規定は，火災，盗難その他の非常の場合にあつては，適用しない．

（緊急通報機能）

第三十四条の四　総合デジタル通信端末であつて，通話の用に供するものは，緊急通報を発信する機能を備えなければならない．

（電気的条件等）

第三十四条の五　総合デジタル通信端末は，総務大臣が別に告示する電気的条件及び光学的条件のいずれかの条件に適合するものでなければならない．
2　総合デジタル通信端末は，電気通信回線に対して直流の電圧を加えるものであつてはならない．

（アナログ電話端末等と通信する場合の送出電力）

第三十四条の六　総合デジタル通信端末がアナログ電話端末等と通信する場合にあつては，通話の用に供する場合を除き，総合デジタル通信用設備とアナログ電話用設備との接続点においてデジタル信号をアナログ信号に変換した送出電力は，別表第五号のとおりとする．

（特殊な総合デジタル通信端末）

第三十四条の七　総合デジタル通信端末のうち，第三十四条の二から前条までの規定によることが著しく不合理なものであつて総務大臣が別に告示するものは，これらの規定にかかわらず，総務大臣が別に告示する条件に適合するものでなければならない．

〔以下，省略〕

Note...

最終改正：平成二十七年五月二十二日法律第二十六号

（目的）

第一条　この法律は，有線電気通信設備の設置及び使用を規律し，有線電気通信に関する秩序を確立することによつて，公共の福祉の増進に寄与することを目的とする．

（定義）

第二条　この法律において「有線電気通信」とは，送信の場所と受信の場所との間の線条その他の導体を利用して，電磁的方式により，符号，音響又は影像を送り，伝え，又は受けることをいう．

2　この法律において「有線電気通信設備」とは，有線電気通信を行うための機械，器具，線路その他の電気的設備（無線通信用の有線連絡線を含む．）をいう．

（有線電気通信設備の届出）

第三条　有線電気通信設備を設置しようとする者は，次の事項を記載した書類を添えて，設置の工事の開始の日の二週間前まで（工事を要しないときは，設置の日から二週間以内）に，その旨を総務大臣に届け出なければならない．

　一　有線電気通信の方式の別

　二　設備の設置の場所

　三　設備の概要

2　前項の届出をする者は，その届出に係る有線電気通信設備が次に掲げる設備（総務省令で定めるものを除く．）に該当するものであるときは，同項各号の事項のほか，その使用の態様その他総務省令で定める事項を併せて届け出なければならない．

　一　二人以上の者が共同して設置するもの

　二　他人（電気通信事業者（電気通信事業法（昭和五十九年法律第八十六号）第二条第五号に規定する電気通信事業者をいう．以下同じ．）を除く．）の設置した有線電気通信設備と相互に接続されるもの

　三　他人の通信の用に供されるもの

3　有線電気通信設備を設置した者は，第一項各号の事項若しくは前項の届出に係る事項を変更しようとするとき，又は同項に規定する設備に該当しない設備をこれに該当するものに変更しようとするときは，変更の工事の開始の日の二週間前まで（工事を要しないときは，変更の日から二週間以内）に，その旨を総務大臣に届け出なければならない．

4　前三項の規定は，次の有線電気通信設備については，適用しない．

　一　電気通信事業法第四十四条第一項に規定する事業用電気通信設備

二　放送法（昭和二十五年法律第百三十二号）第二条第一号 に規定する放送を行う
　　ための有線電気通信設備（同法第百三十三条第一項 の規定による届出をした者
　　が設置するもの及び前号に掲げるものを除く.）

三　設備の一の部分の設置の場所が他の部分の設置の場所と同一の構内（これに準ず
　　る区域内を含む. 以下同じ.）又は同一の建物内であるもの（第二項各号に掲げ
　　るもの（同項の総務省令で定めるものを除く.）を除く.）

四　警察事務, 消防事務, 水防事務, 航空保安事務, 海上保安事務, 気象業務, 鉄道
　　事業, 軌道事業, 電気事業, 鉱業その他政令で定める業務を行う者が設置するも
　　の（第二項各号に掲げるもの（同項の総務省令で定めるものを除く.）を除く.）

五　前各号に掲げるもののほか, 総務省令で定めるもの

（本邦外にわたる有線電気通信設備）

第四条　本邦内の場所と本邦外の場所との間の有線電気通信設備は, 電気通信事業者が
その事業の用に供する設備として設置する場合を除き, 設置してはならない. ただし,
特別の事由がある場合において, 総務大臣の許可を受けたときは, この限りでない.

（技術基準）

第五条　有線電気通信設備（政令で定めるものを除く.）は, 政令で定める技術基準に
適合するものでなければならない.

2　前項の技術基準は, これにより次の事項が確保されるものとして定められなけれ
　　ばならない.

一　有線電気通信設備は, 他人の設置する有線電気通信設備に妨害を与えないように
　　すること.

二　有線電気通信設備は, 人体に危害を及ぼし, 又は物件に損傷を与えないようにす
　　ること.

（設備の検査等）

第六条　総務大臣は, この法律の施行に必要な限度において, 有線電気通信設備を設置
した者からその設備に関する報告を徴し, 又はその職員に, その事務所, 営業所, 工場
若しくは事業場に立ち入り, その設備若しくは帳簿書類を検査させることができる.

2　前項の規定により立入検査をする職員は, その身分を示す証明書を携帯し, 関係
　　人に提示しなければならない.

3　第一項の規定による検査の権限は, 犯罪捜査のために認められたものと解しては
　　ならない.

（設備の改善等の措置）

第七条　総務大臣は, 有線電気通信設備を設置した者に対し, その設備が第五条の技術

基準に適合しないため他人の設置する有線電気通信設備に妨害を与え，又は人体に危害を及ぼし，若しくは物件に損傷を与えると認めるときは，その妨害，危害又は損傷の防止又は除去のため必要な限度において，その設備の使用の停止又は改造，修理その他の措置を命ずることができる．

2　総務大臣は，第三条第二項に規定する有線電気通信設備（同項の総務省令で定めるものを除く．）を設置した者に対しては，前項の規定によるほか，その設備につき通信の秘密の確保に支障があると認めるとき，その他その設備の運用が適切でないため他人の利益を阻害すると認めるときは，その支障の除去その他当該他人の利益の確保のために必要な限度において，その設備の改善その他の措置をとるべきことを勧告することができる．

（非常事態における通信の確保）

第八条　総務大臣は，天災，事変その他の非常事態が発生し，又は発生するおそれがあるときは，有線電気通信設備を設置した者に対し，災害の予防若しくは救援，交通，通信若しくは電力の供給の確保若しくは秩序の維持のために必要な通信を行い，又はこれらの通信を行うためその有線電気通信設備を他の者に使用させ，若しくはこれを他の有線電気通信設備に接続すべきことを命ずることができる．

2　総務大臣が前項の規定により有線電気通信設備を設置した者に通信を行い，又はその設備を他の者に使用させ，若しくは接続すべきことを命じたときは，国は，その通信又は接続に要した実費を弁償しなければならない．

3　第一項の規定による処分については，審査請求をすることができない．

〔以下，省略〕

Note...

付-7 有線電気通信設備令

最終改正：平成十三年十二月二十一日政令第四百二十一号

(定義)

第一条　この政令及びこの政令に基づく命令の規定の解釈に関しては，次の定義に従うものとする．

　一　電線　有線電気通信（送信の場所と受信の場所との間の線条その他の導体を利用して，電磁的方式により信号を行うことを含む．）を行うための導体（絶縁物又は保護物で被覆されている場合は，これらの物を含む．）であつて，強電流電線に重畳される通信回線に係るもの以外のもの

　二　絶縁電線　絶縁物のみで被覆されている電線

　三　ケーブル　光ファイバ並びに光ファイバ以外の絶縁物及び保護物で被覆されている電線

　四　強電流電線　強電流電気の伝送を行うための導体（絶縁物又は保護物で被覆されている場合は，これらの物を含む．）

　五　線路　送信の場所と受信の場所との間に設置されている電線及びこれに係る中継器その他の機器（これらを支持し，又は保蔵するための工作物を含む．）

　六　支持物　電柱，支線，つり線その他電線又は強電流電線を支持するための工作物

　七　離隔距離　線路と他の物体（線路を含む．）とが気象条件による位置の変化により最も接近した場合におけるこれらの物の間の距離

　八　音声周波　周波数が二〇〇ヘルツを超え，三，五〇〇ヘルツ以下の電磁波

　九　高周波　周波数が三，五〇〇ヘルツを超える電磁波

　十　絶対レベル　一の皮相電力の一ミリワットに対する比をデシベルで表わしたもの

　十一　平衡度　通信回線の中性点と大地との間に起電力を加えた場合におけるこれらの間に生ずる電圧と通信回線の端子間に生ずる電圧との比をデシベルで表わしたもの

(適用除外)

第二条　有線電気通信法第五条第一項（同法第十一条において準用する場合を含む．）の政令で定める有線電気通信設備は，船舶安全法（昭和八年法律第十一号）第二条第一項の規定により船舶内に設置する有線電気通信設備（送信の場所と受信の場所との間の線条その他の導体を利用して，電磁的方式により，信号を行うための設備を含む．以下同じ．）とする．

(使用可能な電線の種類)

第二条の二　有線電気通信設備に使用する電線は，絶縁電線又はケーブルでなければな

らない．ただし，総務省令で定める場合は，この限りでない．

（通信回線の平衡度）

第三条　通信回線（導体が光ファイバであるものを除く．以下同じ．）の平衡度は，一，〇〇〇ヘルツの交流において三四デシベル以上でなければならない．ただし，総務省令で定める場合は，この限りでない．

2　前項の平衡度は，総務省令で定める方法により測定するものとする．

（線路の電圧及び通信回線の電力）

第四条　通信回線の線路の電圧は，一〇〇ボルト以下でなければならない．ただし，電線としてケーブルのみを使用するとき，又は人体に危害を及ぼし，若しくは物件に損傷を与えるおそれがないときは，この限りでない．

2　通信回線の電力は，絶対レベルで表わした値で，その周波数が音声周波であるときは，プラス一〇デシベル以下，高周波であるときは，プラス二〇デシベル以下でなければならない．ただし，総務省令で定める場合は，この限りでない．

（架空電線の支持物）

第五条　架空電線の支持物は，その架空電線が他人の設置した架空電線又は架空強電流電線と交差し，又は接近するときは，次の各号により設置しなければならない．ただし，その他人の承諾を得たとき，又は人体に危害を及ぼし，若しくは物件に損傷を与えないように必要な設備をしたときは，この限りでない．

　　一　他人の設置した架空電線又は架空強電流電線を挟み，又はこれらの間を通ることがないようにすること．

　　二　架空強電流電線（当該架空電線の支持物に架設されるものを除く．）との間の離隔距離は，総務省令で定める値以上とすること．

第六条　道路上に設置する電柱，架空電線と架空強電流電線とを架設する電柱その他の総務省令で定める電柱は，総務省令で定める安全係数をもたなければならない．

2　前項の安全係数は，その電柱に架設する物の重量，電線の不平均張力及び総務省令で定める風圧荷重が加わるものとして計算するものとする．

第七条　第五条第一号及び前条の規定は，次に掲げる線路であつて，絶縁電線又はケーブルを使用するものについては，その設置の日から一月以内は，適用しない．

　　一　天災，事変その他の非常事態が発生し，又は発生するおそれがある場合において，災害の予防若しくは救援，交通，通信若しくは電力の供給の確保又は秩序の維持に必要な通信を行うため設置する線路

　　二　警察事務を行う者がその事務に必要な緊急の通信を行うため設置する線路

三　自衛隊法（昭和二十九年法律第百六十五号）第二条第一項 に規定する自衛隊が
その業務に必要な緊急の通信を行うため設置する線路

第七条の二　架空電線の支持物には，取扱者が昇降に使用する足場金具等を地表上一・
ハメートル未満の高さに取り付けてはならない．ただし，総務省令で定める場合は，こ
の限りでない．

（架空電線の高さ）
第八条　架空電線の高さは，その架空電線が道路上にあるとき，鉄道又は軌道を横断す
るとき，及び河川を横断するときは，総務省令で定めるところによらなければならない．

（架空電線と他人の設置した架空電線等との関係）
第九条　架空電線は，他人の設置した架空電線との離隔距離が三〇センチメートル以下
となるように設置してはならない．ただし，その他人の承諾を得たとき，又は設置しよ
うとする架空電線（これに係る中継器その他の機器を含む．以下この条において同
じ．）が，その他人の設置した架空電線に係る作業に支障を及ぼさず，かつ，その他人
の設置した架空電線に損傷を与えない場合として総務省令で定めるときは，この限りで
ない．

第十条　架空電線は，他人の建造物との離隔距離が三〇センチメートル以下となるよう
に設置してはならない．ただし，その他人の承諾を得たときは，この限りでない．

第十一条　架空電線は，架空強電流電線と交差するとき，又は架空強電流電線との水平
距離がその架空電線若しくは架空強電流電線の支持物のうちいずれか高いものの高さに
相当する距離以下となるときは，総務省令で定めるところによらなければ，設置しては
ならない．

第十二条　架空電線は，総務省令で定めるところによらなければ，架空強電流電線と同
一の支持物に架設してはならない．

（強電流電線に重畳される通信回線）
第十三条　強電流電線に重畳される通信回線は，左の各号により設置しなければならな
い．
　一　重畳される部分とその他の部分とを安全に分離し，且つ，開閉できるようにする
　　こと．
　二　重畳される部分に異常電圧が生じた場合において，その他の部分を保護するため
　　総務省令で定める保安装置を設置すること．

（地中電線）

第十四条　地中電線は，地中強電流電線との離隔距離が三〇センチメートル（その地中強電流電線の電圧が七，〇〇〇ボルトを超えるものであるときは，六〇センチメートル）以下となるように設置するときは，総務省令で定めるところによらなければならない．

第十五条　地中電線の金属製の被覆又は管路は，地中強電流電線の金属製の被覆又は管路と電気的に接続してはならない．但し，電気鉄道又は電気軌道の帰線から漏れる直流の電流による腐しよくを防止するため接続する場合であつて，総務省令で定める設備をする場合は，この限りでない．

（海底電線）

第十六条　海底電線は，他人の設置する海底電線又は海底強電流電線との水平距離が五〇〇メートル以下となるように設置してはならない．ただし，その他人の承諾を得たときは，この限りでない．

（屋内電線）

第十七条　屋内電線（光ファイバを除く．以下この条において同じ．）と大地との間及び屋内電線相互間の絶縁抵抗は，直流一〇〇ボルトの電圧で測定した値で，一メグオーム以上でなければならない．

第十八条　屋内電線は，屋内強電流電線との離隔距離が三〇センチメートル以下となるときは，総務省令で定めるところによらなければ，設置してはならない．

（有線電気通信設備の保安）

第十九条　有線電気通信設備は，総務省令で定めるところにより，絶縁機能，避雷機能その他の保安機能をもたなければならない．

〔以下，省略〕

Note...

付-8 有線電気通信設備令施行規則

最終改正：平成二十八年六月十六日総務省令第六十七号

（定義）

第一条　この省令の規定の解釈に関しては，次の定義に従うものとする.

一　令　有線電気通信設備令（昭和二十八年政令第百三十一号）

二　強電流裸電線　絶縁物で被覆されていない強電流電線

三　強電流絶縁電線　絶縁物のみで被覆されている強電流電線

四　強電流ケーブル　絶縁物及び保護物で被覆されている強電流電線

五　電車線　電車にその動力用の電気を供給するために使用する接触強電流裸電線及び鋼索鉄道の車両内の装置に電気を供給するために使用する接触強電流裸電線

六　低周波　周波数が二〇〇ヘルツ以下の電磁波

七　最大音量　通信回線に伝送される音響の電力を別に告示するところにより測定した値

八　低圧　直流にあっては七五〇ボルト以下，交流にあっては六〇〇ボルト以下の電圧

九　高圧　直流にあっては七五〇ボルトを，交流にあっては六〇〇ボルトを超え，七，〇〇〇ボルト以下の電圧

十　特別高圧　七，〇〇〇ボルトを超える電圧

（使用可能な電線の種類）

第一条の二　令第二条の二ただし書に規定する総務省令で定める場合は，絶縁電線又はケーブルを使用することが困難な場合において，他人の設置する有線電気通信設備に妨害を与えるおそれがなく，かつ，人体に危害を及ぼし，又は物件に損傷を与えるおそれのないように設置する場合とする.

〔途中，省略〕

（架空電線の支持物と架空強電流電線との間の離隔距離）

第四条　令第五条第二号に規定する総務省令で定める値は，次の各号の場合において，それぞれ当該各号のとおりとする.

一　架空強電流電線の使用高圧が低圧又は高圧であるときは，次の表の上欄に掲げる架空強電流電線の使用電圧及び種別に従い，それぞれ同表の下欄に掲げる値以上とすること.

架空強電流電線の使用電圧及び種別		離隔距離
低圧		三〇センチメートル
高圧	強電流ケーブル	三〇センチメートル
	その他の強電流電線	六〇センチメートル

　二　架空強電流電線の使用電圧が特別高圧であるときは，次の表の上欄に掲げる架空強電流電線の使用電圧及び種別に従い，それぞれ同表の下欄に掲げる値以上とすること.

架空強電流電線の使用電圧及び種別		離隔距離
三五,〇〇〇ボルト以下のもの	強電流ケーブル	五〇センチメートル
	特別高圧強電流絶縁電線	一メートル
	その他の強電流電線	二メートル
三五,〇〇〇ボルトを超え六〇,〇〇〇ボルト以下のもの		二メートル
六〇,〇〇〇ボルトを超えるもの		二メートルに使用電圧が六〇,〇〇〇ボルトを超える一〇,〇〇〇ボルト又はその端数ごとに一二センチメートルを加えた値

（電柱の安全係数）

第五条　令第六条第一項に規定する総務省令で定める電柱は，次の表の上欄に掲げるものとし，当該電柱の安全係数は，木柱にあつては，それぞれ同表の下欄に掲げる値，鉄柱又は鉄筋コンクリート柱にあつては，一・〇以上の値とする.

電柱の区別	安全係数
一　道路上に，又は道路からその電柱の高さの一・二倍に相当する距離以内の場所に設置する電柱（架空電線と架空強電流電線とを架設するものを除く.）	一・二
二　次のいずれかの架空電線を架設する電柱（架空電線と架空強電流電線とを架設するものを除く.） イ　建造物からその電柱の高さに相当する距離以内に接近する架空電線 ロ　架空電線（他人の設置したものに限る.）若しくは架空強電流電線と交差し，又はその電柱の高さに相当する距離以内に接近する架空電線 ハ　鉄道若しくは軌道からその電柱の高さに相当する距離以内に接近し，又は道路，鉄道若しくは軌道を横断する架空電線	一・二

三 架空電線と低圧又は高圧の架空強電流電線とを架設する電柱	一・五
四 架空電線と特別高圧の架空強電流電線とを架設する電柱	二・〇

2　電柱に支線又は支柱を施設した支持物にあつては，その支持物の安全係数をその電柱の安全係数とみなして，前項の規定を適用する．この場合において，前項の表の四の項中「二・〇」とあるのは「一・五」と読み替えるものとする．

3　安全係数の計算方法は，別に告示する．

（風圧荷重）

第六条　令第六条第二項に規定する総務省令で定める風圧荷重は，次の三種とする．

一　甲種風圧荷重　次の表の上欄に掲げる風圧を受ける物の区別に従い，それぞれ同表の下欄に掲げるその物の垂直投影面の風圧が加わるものとして計算した荷重

風圧を受ける物		その物の垂直投影面の風圧
木柱又は鉄筋コンクリート柱		七八〇パスカル
鉄柱	円筒柱	七八〇パスカル
	三角柱又はひし形柱	一，八六〇パスカル
	角柱（鋼管により構成されるものに限る.）	一，四七〇パスカル
	その他のもの	二，三五〇パスカル
鉄塔	鋼管により構成されたもの	一，六七〇パスカル
	その他のもの	二，八四〇パスカル
電線又はちよう架用線		九八〇パスカル
腕金類又は函類		一，五七〇パスカル

二　乙種風圧荷重　電線又はちよう架用線に比重〇・九の氷雪が厚さ六ミリメートル付着した場合において，前号の表の上欄に掲げる風圧を受ける物の区別に従い，それぞれ同表の下欄に掲げるその物の垂直投影面の風圧の二分の一の風圧が加わるものとして計算した荷重

三　丙種風圧荷重　第一号の表の上欄に掲げる風圧を受ける物の区別に従い，それぞれ同表の下欄に掲げるその物の垂直投影面の風圧の二分の一の風圧が加わるものとして計算した荷重であつて，前号に掲げるもの以外のもの

2　令第六条第二項に規定する電柱の安全係数は，市街地以外の地域であつて，氷雪の多い地域以外の地域においては，甲種風圧荷重，氷雪の多い地域においては，甲種風圧荷重又は乙種風圧荷重のうちいずれか大であるもの，市街地においては，丙種風圧荷重が加わるものとして計算する．

（架空電線の支持物の昇塔防止）

第六条の二　令第七条の二ただし書に規定する総務省令で定める場合は，次の各号に掲

げるいずれかの場合とする.

一　足場金具等が支持物の内部に格納できる構造であるとき.

二　支持物の周囲に取扱者以外の者が立ち入らないように，さく，塀その他これに類する物を設けるとき.

三　支持物を，人が容易に立ち入るおそれがない場所に設置するとき.

(架空電線の高さ)

第七条　令第八条に規定する総務省令で定める架空電線の高さは，次の各号によらなければならない.

一　架空電線が道路上にあるときは，横断歩道橋の上にあるときを除き，路面から五メートル（交通に支障を及ぼすおそれが少ない場合で工事上やむを得ないときは，歩道と車道との区別がある道路の歩道上においては，二・五メートル，その他の道路上においては，四・五メートル）以上であること.

二　架空電線が横断歩道橋の上にあるときは，その路面から三メートル以上であること.

三　架空電線が鉄道又は軌道を横断するときは，軌条面から六メートル（車両の運行に支障を及ぼすおそれがない高さが六メートルより低い場合は，その高さ）以上であること.

四　架空電線が河川を横断するときは，舟行に支障を及ぼすおそれがない高さであること.

〔途中，省略〕

(屋内電線と屋内強電流電線との交差又は接近)

第十八条　令第十八条の規定により，屋内電線が低圧の屋内強電流電線と交差し，又は同条に規定する距離以内に接近する場合には，屋内電線は，次の各号に規定するところにより設置しなければならない.

一　屋内電線と屋内強電流電線との離隔距離は，一〇センチメートル（屋内強電流電線が強電流裸電線であるときは，三〇センチメートル）以上とすること. ただし，屋内強電流電線が三〇〇ボルト以下である場合において，屋内電線と屋内強電流電線との間に絶縁性の隔壁を設置するとき，又は屋内強電流電線が絶縁管（絶縁性，難燃性及び耐水性のものに限る.）に収めて設置されているときは，この限りでない.

二　屋内強電流電線が，接地工事をした金属製の，又は絶縁度の高い管，ダクト，ボックスその他これに類するもの（以下「管等」という.）に収めて設置されているとき，又は強電流ケーブルであるときは，屋内電線は，屋内強電流電線を収容する管等又は強電流ケーブルに接触しないように設置すること.

三　屋内電線と屋内強電流電線とを同一の管等に収めて設置しないこと。ただし、次
のいずれかに該当する場合は、この限りでない。

　　イ　屋内電線と屋内強電流電線との間に堅ろうな隔壁を設け、かつ、金属製部分
　　　　に特別保安接地工事を施したダクト又はボックスの中に屋内電線と屋内強電
　　　　流電線を収めて設置するとき。

　　ロ　屋内電線が、特別保安接地工事を施した金属製の電気的遮へい層を有する
　　　　ケーブルであるとき。

　　ハ　屋内電線が、光ファイバその他金属以外のもので構成されているとき。

2　令第十八条の規定により、屋内電線が高圧の屋内強電流電線と交差し、又は同条
に規定する距離以内に接近する場合には、屋内電線と屋内強電流電線との離隔距
離が一五センチメートル以上となるように設置しなければならない。ただし、屋
内強電流電線が強電流ケーブルであつて、屋内電線と屋内強電流電線との間に耐
火性のある堅ろうな隔壁を設けるとき、又は屋内強電流電線を耐火性のある堅ろ
うな管に収めて設置するときは、この限りでない。

3　令第十八条の規定により、屋内電線が特別高圧の屋内強電流電線であつて、ケー
ブルであるものから同条に規定する距離に接近する場合には、屋内電線は、屋内
強電流電線と接触しないように設置しなければならない。

（保安機能）

第十九条　令第十九条の規定により、有線電気通信設備には、第十五条、第十七条及び
次項第三号に規定するほか、次の各号に規定するところにより保安装置を設置しなけれ
ばならない。ただし、その線路が地中電線であつて、架空電線と接続しないものである
場合、又は導体が光ファイバである場合は、この限りでない。

一　屋内の有線電気通信設備と引込線との接続箇所及び線路の一部に裸線及びケー
ブルを使用する場合におけるそのケーブルとケーブル以外の電線との接続箇所に、
交流五〇〇ボルト以下で動作する避雷器及び七アンペア以下で動作するヒューズ
若しくは五〇〇ミリアンペア以下で動作する熱線輪からなる保安装置又はこれと
同等の保安機能を有する装置を設置すること。ただし、雷又は強電流電線との混
触により、人体に危害を及ぼし、若しくは物件に損傷を与えるおそれがない場合
は、この限りでない。

二　前号の避雷器の接地線を架空電線の支持物又は建造物の壁面に沿つて設置すると
きは、第十四条第三項の規定によること。

2　令第十九条の規定により、中継増幅器にき電する場合には、線路にはケーブルを
使用するものとし、その線路、中継増幅器及びき電装置は、次の各号に規定する
ところによらなければならない。

一　ケーブルは、次の条件に適合するものであること。

　　イ　き電電圧が高圧の場合には、同軸ケーブルにあつては、内部導体と外部導体

又は金属製の外被との間，平衡ケーブルにあつては，心線相互間又は心線と外被との間（外被が絶縁性のものであるときは，心線と大地との間）に，き電電圧の一・五倍の電圧を連続して一〇分間加えたときこれに耐えるものであること．

　　ロ　き電電圧が低圧の場合には，同軸ケーブルにあつては，内部導体と外部導体又は金属製の外被との間，平衡ケーブルにあつては，心線相互間又は心線と金属製の外被との間の絶縁抵抗が，き電電圧が三〇〇ボルト以下のものにあつては，〇・二メグオーム以上，三〇〇ボルトを超えるものにあつては，〇・四メグオーム以上であること．

　二　ケーブルの金属製の外被（同軸ケーブルで金属製の外被がないものにあつては，外部導体）並びに中継増幅器及びき電装置のきょう体を接地すること．

　三　き電電圧が高圧の場合におけるき電装置には，ケーブルの絶縁破壊を防止するため別に告示する保安装置を設けること．

3　令第十九条の規定により，有線電気通信設備の機器（電源機器を除く．）とその電源機器（き電装置を除く．）とを接続する電線は，心線相互間及び心線と大地との間並びに有線電気通信設備の機器の電気回路相互間及び電気回路ときょう体との間に，次に掲げる絶縁耐力及び絶縁抵抗をもたなければならない．

　一　絶縁抵抗は，使用電圧が三〇〇ボルト以下のものにあつては，〇・二メグオーム以上，三〇〇ボルトを超える低圧のものにあつては，〇・四メグオーム以上であること．

　二　使用電圧が高圧のものにあつては，その使用電圧の一・五倍の電圧を連続して一〇分間加えたときこれに耐えること．

4　令第十九条の規定により，有線電気通信設備の機器の金属製の台及びきょう体並びに架空電線のちょう架用線は，接地しなければならない．ただし，安全な場所に危険のないように設置する場合は，この限りでない．

5　令第十九条の規定により，架空地線に内蔵又は外接して設置される光フアイバを導体とする架空電線に接続する電線は，架空地線（当該架空電線の金属製部分を含む．）と電気的に接続してはならない．ただし，雷又は強電流電線との混触により，人体に危害を及ぼし，若しくは物件に損傷を与えるおそれがない場合は，この限りでない．

〔以下，省略〕

付-9 電波法

最終改正：令和四年六月十日法律第六十三号

第一章　総則

（目的）

第一条　この法律は，電波の公平且つ能率的な利用を確保することによつて，公共の福祉を増進することを目的とする．

（定義）

第二条　この法律及びこの法律に基づく命令の規定の解釈に関しては，次の定義に従うものとする．

　　一　「電波」とは，三百万メガヘルツ以下の周波数の電磁波をいう．

　　二　「無線電信」とは，電波を利用して，符号を送り，又は受けるための通信設備をいう．

　　三　「無線電話」とは，電波を利用して，音声その他の音響を送り，又は受けるための通信設備をいう．

　　四　「無線設備」とは，無線電信，無線電話その他電波を送り，又は受けるための電気的設備をいう．

　　五　「無線局」とは，無線設備及び無線設備の操作を行う者の総体をいう．但し，受信のみを目的とするものを含まない．

　　六　「無線従事者」とは，無線設備の操作又はその監督を行う者であつて，総務大臣の免許を受けたものをいう．

〔途中，省略〕

第三章　無線設備

（電波の質）

第二十八条　送信設備に使用する電波の周波数の偏差及び幅，高調波の強度等電波の質は，総務省令で定めるところに適合するものでなければならない．

（受信設備の条件）

第二十九条　受信設備は，その副次的に発する電波又は高周波電流が，総務省令で定める限度をこえて他の無線設備の機能に支障を与えるものであつてはならない．

〔途中，省略〕

第五章　運用
第一節　通則

(目的外使用の禁止等)

第五十二条　無線局は，免許状に記載された目的又は通信の相手方若しくは通信事項（特定地上基幹放送局については放送事項）の範囲を超えて運用してはならない．ただし，次に掲げる通信については，この限りでない．

　一　遭難通信（船舶又は航空機が重大かつ急迫の危険に陥つた場合に遭難信号を前置する方法その他総務省令で定める方法により行う無線通信をいう．以下同じ．）

　二　緊急通信（船舶又は航空機が重大かつ急迫の危険に陥るおそれがある場合その他緊急の事態が発生した場合に緊急信号を前置する方法その他総務省令で定める方法により行う無線通信をいう．以下同じ．）

　三　安全通信（船舶又は航空機の航行に対する重大な危険を予防するために安全信号を前置する方法その他総務省令で定める方法により行う無線通信をいう．以下同じ．）

　四　非常通信（地震，台風，洪水，津波，雪害，火災，暴動その他非常の事態が発生し，又は発生するおそれがある場合において，有線通信を利用することができないか又はこれを利用することが著しく困難であるときに人命の救助，災害の救援，交通通信の確保又は秩序の維持のために行われる無線通信をいう．以下同じ．）

　五　放送の受信

　六　その他総務省令で定める通信

〔以下，省略〕

Note...

最終改正：平成二十年六月二十七日号外（条約3号）

第一章　基本規定

（連合の目的）

第1条

1　連合の目的は，次のとおりとする．

(a)　すべての種類の電気通信の改善及び合理的利用のため，すべての構成国の間における国際協力を維持し及び増進すること．

(aの2)　連合の目的として掲げられたすべての目的を達成するため，団体及び機関の連合の活動への参加を促進し及び拡大させ，並びに当該団体及び機関と構成国との間の実りある協力及び連携を促進すること．

(b)　電気通信の分野において開発途上国に対する技術援助を促進し及び提供すること，その実施に必要な物的資源，人的資源及び資金の移動を促進すること並びに情報の取得を促進すること．

(c)　電気通信業務の能率を増進し，その有用性を増大し，及び公衆によるその利用をできる限り普及するため，技術的手段の発達及びその最も能率的な運用を促進すること．

(d)　新たな電気通信技術の便益を全人類に供与するよう努めること．

(e)　平和的関係を円滑にするため，電気通信業務の利用を促進すること．

(f)　これらの目的を達成するため，構成国の努力を調和させ，並びに構成国と部門構成員との間の実りあるかつ建設的な協力及び連携を促進すること．

(g)　経済社会の情報化が世界的に進展していることにかんがみ，地域的及び世界的な他の政府間機関並びに電気通信に関係がある非政府機関と協力して，電気通信の問題に対する一層広範な取組方法の採用を国際的に促進すること．

2　このため，連合は，特に次のことを行う．

(a)　各国の無線通信の局の間の有害な混信を避けるため，無線周波数スペクトル帯の分配，無線周波数の割り振り及び周波数割当ての登録（宇宙業務のため，対地静止衛星軌道上の関連する軌道位置又は他の軌道上の衛星の関連する特性を登録することを含む．）を行うこと．

(b)　各国の無線通信の局の間の有害な混信を除去するため並びに無線通信業務に係る無線周波数スペクトルの使用及び対地静止衛星軌道その他の衛星軌道の使用を改善するための努力を調整すること．

(c)　満足すべき業務の質を保ちつつ，電気通信の世界的な標準化を促進すること．

(d)　連合が有するすべての手段（必要な場合には，連合が国際連合の適当な計画に参加すること及び自己の資源を使用することを含む．）により，開発途上国に対する技

術援助を確保するための国際協力及び連帯を促進し，並びに開発途上国における電気通信設備及び電気通信網の創設，拡充及び整備を促進すること．

(e) 電気通信手段，特に宇宙技術を使用する電気通信手段が有する可能性を十分に利用することができるように，これらの手段の発達を調和させるための努力を調整すること．

(f) 電気通信の良好な業務及び健全なかつ独立の経理と両立する範囲内で，できる限り低い基準の料金を設定するため，構成国及び部門構成員の間の協力を促進すること．

(g) 電気通信業務の協力によって人命の安全を確保する措置の採用を促進すること．

(h) 電気通信に関し，研究を行い，規則を定め，決議を採択し，勧告及び希望を作成し，並びに情報の収集及び公表を行うこと．

(i) 国際的な金融機関及び開発機関と共に，社会的な事業計画，特に，電気通信業務を各国において最も孤立した地域にまで提供することを目的とするものを進展させるための優先的かつ有利な信用枠の形成を促進することに従事すること．

(j) 連合の目的を達成するため，関係団体の連合の活動への参加及び地域的機関その他の機関との協力を奨励すること．

〔途中，省略〕

第六章　電気通信に関する一般規定

（国際電気通信業務を利用する公衆の権利）

第33条　構成国は，公衆に対し，国際公衆通信業務によって通信する権利を承認する．各種類の通信において，業務，料金及び保障は，すべての利用者に対し，いかなる優先権又は特恵も与えることなく同一とする．

（電気通信の停止）

第34条

1　構成国は，国内法令に従って，国の安全を害すると認められる私報又はその法令，公の秩序若しくは善良の風俗に反すると認められる私報の伝送を停止する権利を留保する．この場合には，私報の全部又は一部の停止を直ちに発信局に通知する．ただし，その通知が国の安全を害すると認められる場合は，この限りでない．

2　構成国は，また，国内法令に従って，他の私用の電気通信であって国の安全を害すると認められるもの又はその法令，公の秩序若しくは善良の風俗に反すると認められるものを切断する権利を留保する．

（業務の停止）

第35条　構成国は，国際電気通信業務を全般的に，又は一定の関係若しくは通信の一

定の種類（発信，着信又は中継）に限って，停止する権利を留保する．この場合には，停止する旨を事務総局長を経由して直ちに他の構成国に通知する．

（責任）

第36条　構成国は，国際電気通信業務の利用者に対し，特に損害賠償の請求に関しては，いかなる責任も負わない．

（電気通信の秘密）

第37条

1　構成国は，国際通信の秘密を確保するため，使用される電気通信のシステムに適合するすべての可能な措置をとることを約束する．

2　もっとも，構成国は，国内法令の適用又は自国が締約国である国際条約の実施を確保するため，国際通信に関し，権限のある当局に通報する権利を留保する．

（電気通信路及び電気通信設備の設置，運用及び保護）

第38条

1　構成国は，国際電気通信の迅速なかつ不断の交換を確保するために必要な通信路及び設備を最良の技術的条件で設置するため，有用な措置をとる．

2　第186号の通信路及び設備は，できる限り，実際の運用上の経験から最良と認められた方法及び手続によって運用し，良好に使用することができる状態に維持し，並びに科学及び技術の進歩に合わせて進歩していくようにしなければならない．

3　構成国は，その管轄の範囲内において，第186号の通信路及び設備を保護する．

4　すべての構成国は，特別の取極による別段の定めがある場合を除くほか，その管理の範囲内にある国際電気通信回線の部分の維持を確保するために有用な措置をとる．

5　構成国は，すべての種類の電気機器及び電気設備の運用が他の構成国の管轄内にある電気通信設備の運用を混乱させることを防ぐため，実行可能な措置をとることの必要性を認める．

（違反の通報）

第39条　構成国は，第6条の規定の適用を容易にするため，この憲章，条約及び業務規則に対する違反に関し，相互に通報し，必要な場合には，援助することを約束する．

（人命の安全に関する電気通信の優先順位）

第40条　国際電気通信業務は，海上，陸上，空中及び宇宙空間における人命の安全に関するすべての電気通信並びに世界保健機関の伝染病に関する特別に緊急な電気通信に対し，絶対的優先順位を与えなければならない．

〔途中，省略〕

第7章　無線通信に関する特別規定

(無線周波数スペクトルの使用及び対地静止衛星軌道その他の衛星軌道の使用)
第44条
1　構成国は，使用する周波数の数及びスペクトル幅を，必要な業務の運用を十分に確保するために欠くことができない最小限度にとどめるよう努める．このため，構成国は，改良された最新の技術をできる限り速やかに適用するよう努める．
2　構成国は，無線通信のための周波数帯の使用に当たっては，無線周波数及び関連する軌道(対地静止衛星軌道を含む．)が有限な天然資源であることに留意するものとし，また，これらを各国又はその集団が公平に使用することができるように，開発途上国の特別な必要性及び特定の国の地理的事情を考慮して，無線通信規則に従って合理的，効果的かつ経済的に使用しなければならないことに留意する．

(有害な混信)
第45条
1　すべての局は，その目的のいかんを問わず，他の構成国，認められた事業体その他正当に許可を得て，かつ，無線通信規則に従って無線通信業務を行う事業体の無線通信又は無線業務に有害な混信を生じさせないように設置し及び運用しなければならない．
2　各構成国は，認められた事業体その他正当に許可を得て無線通信業務を行う事業体に第197号の規定を遵守させることを約束する．
3　構成国は，また，すべての種類の電気機器及び電気設備の運用が第197号の無線通信又は無線業務に有害な混信を生じさせることを防ぐため，実行可能な措置をとることの必要性を認める．

(遭難の呼出し及び通報)
第46条　無線通信の局は，遭難の呼出し及び通報を，いずれから発せられたかを問わず，絶対的優先順位において受信し，同様にこの通報に応答し，及び直ちに必要な措置をとる義務を負う．

〔以下，省略〕

付-11 不正アクセス行為の禁止等に関する法律

最終改正：令和四年六月十七日法律第六十八号

（目的）

第一条　この法律は，不正アクセス行為を禁止するとともに，これについての罰則及びその再発防止のための都道府県公安委員会による援助措置等を定めることにより，電気通信回線を通じて行われる電子計算機に係る犯罪の防止及びアクセス制御機能により実現される電気通信に関する秩序の維持を図り，もって高度情報通信社会の健全な発展に寄与することを目的とする．

（定義）

第二条　この法律において「アクセス管理者」とは，電気通信回線に接続している電子計算機（以下「特定電子計算機」という．）の利用（当該電気通信回線を通じて行うものに限る．以下「特定利用」という．）につき当該特定電子計算機の動作を管理する者をいう．

2　この法律において「識別符号」とは，特定電子計算機の特定利用をすることについて当該特定利用に係るアクセス管理者の許諾を得た者（以下「利用権者」という．）及び当該アクセス管理者（以下この項において「利用権者等」という．）に，当該アクセス管理者において当該利用権者等を他の利用権者等と区別して識別することができるように付される符号であって，次のいずれかに該当するもの又は次のいずれかに該当する符号とその他の符号を組み合わせたものをいう．

一　当該アクセス管理者によってその内容をみだりに第三者に知らせてはならないものとされている符号

二　当該利用権者等の身体の全部若しくは一部の影像又は音声を用いて当該アクセス管理者が定める方法により作成される符号

三　当該利用権者等の署名を用いて当該アクセス管理者が定める方法により作成される符号

3　この法律において「アクセス制御機能」とは，特定電子計算機の特定利用を自動的に制御するために当該特定利用に係るアクセス管理者によって当該特定電子計算機又は当該特定電子計算機に電気通信回線を介して接続された他の特定電子計算機に付加されている機能であって，当該特定利用をしようとする者により当該機能を有する特定電子計算機に入力された符号が当該特定利用に係る識別符号（識別符号を用いて当該アクセス管理者の定める方法により作成される符号と当該識別符号の一部を組み合わせた符号を含む．次項第一号及び第二号において同じ．）であることを確認して，当該特定利用の制限の全部又は一部を解除するものをいう．

4　この法律において「不正アクセス行為」とは，次の各号のいずれかに該当する行為をいう．

一　アクセス制御機能を有する特定電子計算機に電気通信回線を通じて当該アクセス制御機能に係る他人の識別符号を入力して当該特定電子計算機を作動させ，当該アクセス制御機能により制限されている特定利用をし得る状態にさせる行為（当該アクセス制御機能を付加したアクセス管理者がするもの及び当該アクセス管理者又は当該識別符号に係る利用権者の承諾を得てするものを除く．）

二　アクセス制御機能を有する特定電子計算機に電気通信回線を通じて当該アクセス制御機能による特定利用の制限を免れることができる情報（識別符号であるものを除く．）又は指令を入力して当該特定電子計算機を作動させ，その制限されている特定利用をし得る状態にさせる行為（当該アクセス制御機能を付加したアクセス管理者がするもの及び当該アクセス管理者の承諾を得てするものを除く．次号において同じ．）

三　電気通信回線を介して接続された他の特定電子計算機が有するアクセス制御機能によりその特定利用を制限されている特定電子計算機に電気通信回線を通じてその制限を免れることができる情報又は指令を入力して当該特定電子計算機を作動させ，その制限されている特定利用をし得る状態にさせる行為

（不正アクセス行為の禁止）

第三条　何人も，不正アクセス行為をしてはならない．

（他人の識別符号を不正に取得する行為の禁止）

第四条　何人も，不正アクセス行為（第二条第四項第一号に該当するものに限る．第六条及び第十二条第二号において同じ．）の用に供する目的で，アクセス制御機能に係る他人の識別符号を取得してはならない．

（不正アクセス行為を助長する行為の禁止）

第五条　何人も，業務その他正当な理由による場合を除いては，アクセス制御機能に係る他人の識別符号を，当該アクセス制御機能に係るアクセス管理者及び当該識別符号に係る利用権者以外の者に提供してはならない．

（他人の識別符号を不正に保管する行為の禁止）

第六条　何人も，不正アクセス行為の用に供する目的で，不正に取得されたアクセス制御機能に係る他人の識別符号を保管してはならない．

（識別符号の入力を不正に要求する行為の禁止）

第七条　何人も，アクセス制御機能を特定電子計算機に付加したアクセス管理者になり

すまし，その他当該アクセス管理者であると誤認させて，次に掲げる行為をしてはならない．ただし，当該アクセス管理者の承諾を得てする場合は，この限りでない．

一　当該アクセス管理者が当該アクセス制御機能に係る識別符号を付された利用権者に対し当該識別符号を特定電子計算機に入力することを求める旨の情報を，電気通信回線に接続して行う自動公衆送信（公衆によって直接受信されることを目的として公衆からの求めに応じ自動的に送信を行うことをいい，放送又は有線放送に該当するものを除く．）を利用して公衆が閲覧することができる状態に置く行為

二　当該アクセス管理者が当該アクセス制御機能に係る識別符号を付された利用権者に対し当該識別符号を特定電子計算機に入力することを求める旨の情報を，電子メール（特定電子メールの送信の適正化等に関する法律（平成十四年法律第二十六号）第二条第一号に規定する電子メールをいう．）により当該利用権者に送信する行為

（アクセス管理者による防御措置）

第八条　アクセス制御機能を特定電子計算機に付加したアクセス管理者は，当該アクセス制御機能に係る識別符号又はこれを当該アクセス制御機能により確認するために用いる符号の適正な管理に努めるとともに，常に当該アクセス制御機能の有効性を検証し，必要があると認めるときは速やかにその機能の高度化その他当該特定電子計算機を不正アクセス行為から防御するため必要な措置を講ずるよう努めるものとする．

（都道府県公安委員会による援助等）

第九条　都道府県公安委員会（道警察本部の所在地を包括する方面（警察法（昭和二十九年法律第百六十二号）第五十一条第一項 本文に規定する方面をいう．以下この項において同じ．）を除く方面にあっては，方面公安委員会．以下この条において同じ．）は，不正アクセス行為が行われたと認められる場合において，当該不正アクセス行為に係る特定電子計算機に係るアクセス管理者から，その再発を防止するため，当該不正アクセス行為が行われた際の当該特定電子計算機の作動状況及び管理状況その他の参考となるべき事項に関する書類その他の物件を添えて，援助を受けたい旨の申出があり，その申出を相当と認めるときは，当該アクセス管理者に対し，当該不正アクセス行為の手口又はこれが行われた原因に応じ当該特定電子計算機を不正アクセス行為から防御するため必要な応急の措置が的確に講じられるよう，必要な資料の提供，助言，指導その他の援助を行うものとする．

2　都道府県公安委員会は，前項の規定による援助を行うため必要な事例分析（当該援助に係る不正アクセス行為の手口，それが行われた原因等に関する技術的な調査及び分析を行うことをいう．次項において同じ．）の実施の事務の全部又は一部を国家公安委員会規則で定める者に委託することができる．

3　前項の規定により都道府県公安委員会が委託した事例分析の実施の事務に従事し

た者は，その実施に関して知り得た秘密を漏らしてはならない．

4　前三項に定めるもののほか，第一項の規定による援助に関し必要な事項は，国家公安委員会規則で定める．

5　第一項に定めるもののほか，都道府県公安委員会は，アクセス制御機能を有する特定電子計算機の不正アクセス行為からの防御に関する啓発及び知識の普及に努めなければならない．

第十条　国家公安委員会，総務大臣及び経済産業大臣は，アクセス制御機能を有する特定電子計算機の不正アクセス行為からの防御に資するため，毎年少なくとも一回，不正アクセス行為の発生状況及びアクセス制御機能に関する技術の研究開発の状況を公表するものとする．

2　国家公安委員会，総務大臣及び経済産業大臣は，アクセス制御機能を有する特定電子計算機の不正アクセス行為からの防御に資するため，アクセス制御機能を特定電子計算機に付加したアクセス管理者が第八条の規定により講ずる措置を支援することを目的としてアクセス制御機能の高度化に係る事業を行う者が組織する団体であって，当該支援を適正かつ効果的に行うことができると認められるものに対し，必要な情報の提供その他の援助を行うよう努めなければならない．

3　前二項に定めるもののほか，国は，アクセス制御機能を有する特定電子計算機の不正アクセス行為からの防御に関する啓発及び知識の普及に努めなければならない．

〔以下，省略〕

Note...

最終改正：令和四年六月十七日法律第六十八号

第一章　総則

（目的）

第一条　この法律は，電子署名に関し，電磁的記録の真正な成立の推定，特定認証業務に関する認定の制度その他必要な事項を定めることにより，電子署名の円滑な利用の確保による情報の電磁的方式による流通及び情報処理の促進を図り，もって国民生活の向上及び国民経済の健全な発展に寄与することを目的とする．

（定義）

第二条　この法律において「電子署名」とは，電磁的記録（電子的方式，磁気的方式その他人の知覚によっては認識することができない方式で作られる記録であって，電子計算機による情報処理の用に供されるものをいう．以下同じ．）に記録することができる情報について行われる措置であって，次の要件のいずれにも該当するものをいう．

　一　当該情報が当該措置を行った者の作成に係るものであることを示すためのものであること．

　二　当該情報について改変が行われていないかどうかを確認することができるものであること．

2　この法律において「認証業務」とは，自らが行う電子署名についてその業務を利用する者（以下「利用者」という．）その他の者の求めに応じ，当該利用者が電子署名を行ったものであることを確認するために用いられる事項が当該利用者に係るものであることを証明する業務をいう．

3　この法律において「特定認証業務」とは，電子署名のうち，その方式に応じて本人だけが行うことができるものとして主務省令で定める基準に適合するものについて行われる認証業務をいう．

第二章　電磁的記録の真正な成立の推定

第三条　電磁的記録であって情報を表すために作成されたもの（公務員が職務上作成したものを除く．）は，当該電磁的記録に記録された情報について本人による電子署名（これを行うために必要な符号及び物件を適正に管理することにより，本人だけが行うことができることとなるものに限る．）が行われているときは，真正に成立したものと推定する．

〔以下，省略〕

索　引

● タ 行 ●

● ナ 行 ●

電気通信主任技術者試験
これなら受かる　法規（改訂4版）

2014 年 9 月 25 日	第 1 版第1刷発行	
2015 年 10 月 20 日	改訂2版第1刷発行	
2018 年 10 月 20 日	改訂3版第1刷発行	
2023 年 3 月 20 日	改訂4版第1刷発行	

編　　集　オーム社
発 行 者　村上和夫
発 行 所　株式会社 オーム社
　　　　　郵便番号　101-8460
　　　　　東京都千代田区神田錦町 3-1
　　　　　電話　03(3233)0641(代表)
　　　　　URL https://www.ohmsha.co.jp/

© オーム社 2023

印刷・製本　三美印刷
ISBN978-4-274-23023-3　Printed in Japan

本書の感想募集 https://www.ohmsha.co.jp/kansou/
本書をお読みになった感想を上記サイトまでお寄せください．
お寄せいただいた方には，抽選でプレゼントを差し上げます．

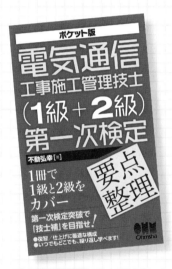